建筑工人职业技能培训教材

建筑工程系列

测量放线工

《建筑工人职业技能培训教材》编委会 编

中国建材工业出版社

图书在版编目(CIP)数据

测量放线工 /《建筑工人职业技能培训教材》编委会编. —— 北京:中国建材工业出版社,2016.9(2021.2 重印)
建筑工人职业技能培训教材
ISBN 978-7-5160-1534-6

Ⅰ. ①测… Ⅱ. ①建… Ⅲ. ①建筑测量—技术培训—教材 Ⅳ. ①TU198

中国版本图书馆 CIP 数据核字(2016)第 145026 号

测量放线工
《建筑工人职业技能培训教材》编委会 编
出版发行:中国建材工业出版社
地　　址:北京市海淀区三里河路 1 号
邮　　编:100044
经　　销:全国各地新华书店
印　　刷:北京雁林吉兆印刷有限公司
开　　本:850mm×1168mm 1/32
印　　张:7.5
字　　数:160 千字
版　　次:2016 年 9 月第 1 版
印　　次:2021 年 2 月第 4 次
定　　价:24.00 元

本社网址:www.jccbs.com　**微信公众号**:zgjcgycbs
本书如出现印装质量问题,由我社市场营销部负责调换。电话:(010)88383906

《建筑工人职业技能培训教材》

编审委员会

主编单位：中国工程建设标准化协会建筑施工专业委员会

黑龙江省建设教育协会

新疆建设教育协会

参编单位：“金鲁班”应用平台

《建筑工人》杂志社

重庆市职工职业培训学校

北京万方建知教育科技有限公司

主　　审：吴松勤　葛恒岳

编写委员：宋道霞　刘鹏华　高建辉　王洪洋　谷明旵

王　锋　郑立波　刘福利　丛培源　肖明武

欧应辉　黄财杰　孟东辉　曾　方　滕　虎

梁泰臣　崔　铮　刘兴宇　姚亚亚　申林虎

白志忠　温丽丹　蔡芳芳　庞灵玲　李思远

曹　烁　李程程　付海燕　李达宁　齐丽香

前　言

《中华人民共和国就业促进法》、国务院《关于加快发展现代职业教育的决定》[国发(2014)19 号]、住房和城乡建设部《关于印发建筑业农民工技能培训示范工程实施意见的通知》[建人(2008)109 号]、住房和城乡建设部《关于加强建筑工人职业培训工作的指导意见》[建人(2015)43 号]、住房和城乡建设部办公厅《关于建筑工人职业培训合格证有关事项的通知》[建办人(2015)34 号]等相关文件，对全面提高工人职业操作技能水平，以保证工程质量和安全生产做出了明确的要求。

根据住房和城乡建设部就加强建筑工人职业培训工作，做出的“到2020 年，实现全行业建筑工人全员培训、持证上岗”具体规定，为更好地贯彻落实国家及行业主管部门相关文件精神和要求，全面做好建筑工人职业技能教育培训，由中国工程建设标准化协会建筑施工专业委员会、黑龙江省建设教育协会、新疆建设教育协会会同相关施工企业、培训单位等，组织了由建设行业专家学者、培训讲师、一线工程技术人员及具有丰富施工操作经验的工人和技师等组成的编审委员会，编写这套《建筑工人职业技能培训教材》。

本套丛书主要依据住房和城乡建设部、人力资源和社会保障部发布的《职业技能岗位鉴定规范》《中华人民共和国职业分类大典(2015 年版)》《建筑工程施工职业技能标准》《建筑装饰装修职业技能标准》《建筑工程安装职业技能标准》等标准要求，以实现全面提高建设领域职工队伍整体素质，加快培养具有熟练操作技能的技术工人，尤其是加快提高建筑业农民工职业技能水平，保证建筑工程质量和安全，促进广大农民工就业为目标，重点抓住建筑工人现场施工操作技能和安全为核心进行编制，“量身订制”打造了一套适合不同文化层次的技术工人和读者需要的技能培训教材。

本套教材系统、全面地介绍了各工种相关专业基础知识、操作技能、安全知识等，同时涵盖了先进、成熟、实用的建筑工程施工技术，还包括了现代新材料、新技术、新工艺和环境、职业健康安全、节能环保等方面的知识，力求做到了技术内容最新、最实用，文字通俗易懂，语言生动简洁，辅以大量直观的图表，非常适合不同层次水平、不同年龄的建筑工人职业技能培训和实际施工操作应用。

丛书共包括了“建筑工程”、“装饰装修工程”、“安装工程”3 大系列以及《建筑工人现场施工安全读本》，共 25 个分册：

一、“建筑工程”系列，包括 8 个分册，分别是：《砌筑工》《钢筋工》《架子工》《混凝土工》《模板工》《防水工》《木工》和《测量放线工》。

二、“装饰装修工程”系列，包括 8 个分册，分别是：《抹灰工》《油漆工》《镶贴工》《涂裱工》《装饰装修木工》《幕墙安装工》《幕墙制作工》和《金属工》。

三、“安装工程”系列，包括 8 个分册，分别是：《通风工》《安装起重工》《安装钳工》《电气设备安装调试工》《管道工》《建筑电工》《中小型建筑机械操作工》和《电焊工》。

本书根据“测量放线工”工种职业操作技能，结合在建筑工程中的实际应用，针对建筑工程施工材料、机具、施工工艺、质量要求、安全操作技术等做了具体、详细的阐述。本书内容包括施工测量放线相关识图知识，施工测量工作内容及职责，施工测量放线安全要求，测量仪器使用与保管，水准仪的构造和使用，水准测量和记录，角度测量原理，经纬仪的构造及使用，水平角测量和记录，竖直角测量和记录，经纬仪导线测量，钢尺测量，视距测量及光电测距，施工测量前的准备工作，建筑施工场地的施工控制测量，建筑物定位放线与基础放线，结构施工和安装测量，高程传递和轴线竖向投测，建筑物沉降观测与竣工总平面图测绘。

本书对于加强建筑工人培训工作，全面提升建筑工人操作技能水平具有很好的应用价值，不仅极大地提高工人操作技能水平和职业安全水平，更对保证建筑工程施工质量，促进建筑安装工程施工新技术、新工艺、新材料的推广与应用都有很好的推动作用。

由于时间限制，以及编者水平有限，本书难免有疏漏之处，欢迎广大读者批评指正，以便本丛书再版时修订。

※注：测量放线作业相关安全知识要求，参考《建筑工人现场施工安全读本》。

编　者

2016 年 9 月　北京

我们提供

图书出版、图书广告宣传、企业/个人定向出版、设计业务、企业内刊等外包、代选代购图书、团体用书、会议、培训，其他深度合作等优质高效服务。

编 辑 部
010-88386119

出版咨询
010-68343948

市场销售
010-68001605

门市销售
010-88386906

邮箱：jccbs-zbs@163.com 网址：www.jccbs.com

发展出版传媒 服务经济建设

传播科技进步 满足社会需求

（版权专有，盗版必究。未经出版者预先书面许可，不得以任何方式复制或抄袭本书的任何部分。举报电话：010-68343948）

目录 CONTENTS

第1部分　测量放线工岗位基础知识

一、地形图基础知识

1. 比例尺

(1)地形图比例尺。

地形图上任一线段的长度与它所代表的实地水平距离之比，称为地形图比例尺。地形图比例尺既决定了地形图上长度与实地长度的换算关系，又决定了地形图的精度与详细程度。

①地形图比例尺可分为数字比例尺和图示比例尺。

数字比例尺用分子为1、分母为整数的分数表示。设图上一线段长度为d，相应实地的水平距离为D，则该地形图的比例尺为：

$$\frac{d}{D}=\frac{1}{\frac{D}{d}}=\frac{1}{M} \tag{1-1}$$

式中　M——比例尺分母值。

比例尺的大小是以比例尺的比值来衡量的。比例尺分母值越小，比例尺越大，表示地物地貌越详尽。数字比例尺通常标注在地形图下方。

②常见的图示比例尺为直线比例尺，见图1-1为1∶500的直线比例尺。图中两条平行直线间距为2mm，以2cm为单位分成若干大格，左边第一大格十等分，大小格分界处注以0，右边其他大格分界处标记实际长度。图示比例尺绘制在地形图下

方,可以减少图纸伸缩对用图的影响。

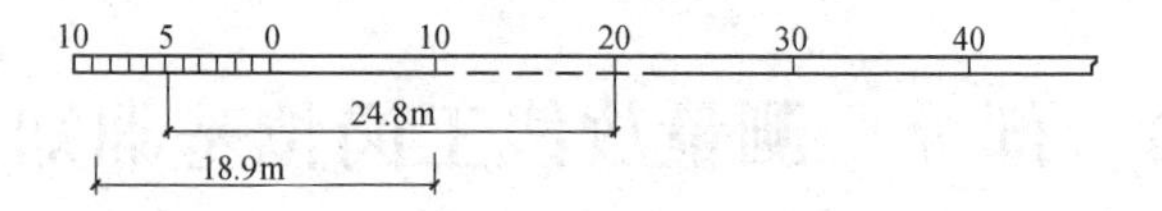

图 1-1　图示比例尺

使用图示比例尺时,先用分规在图上量取某线段的长度,然后用分规的右针尖对准右边的某个整分划,使分规的左针尖落在最左边的基本单位内。读取整分划的读数再加上左边 1/10 分划对应的读数,即为该直线的实地水平距离,见图 1-1 中的两个示例。

建筑类各专业通常使用大比例尺地形图,比例尺为1∶500,1∶1000,1∶2000,1∶5000 或 1∶10000。

(2)比例尺精度。

通常人们的肉眼能分辨的两点间的距离为 0.1mm,因此,地形图上 0.1mm 所代表的实地水平距离,称为比例尺精度。

不同比例尺的地形图,有不同的比例尺精度。根据其比例尺精度,可确定测图时测量距离应精确到什么程度。例如:测绘 1∶500 比例尺的地形图时,地面测量距离只需精确到 0.1mm×500=0.05m。

同时,也可按照测量地面距离的规定精确度来确定测图比例尺。例如:要求图上能表示出 0.1m 的精度,则测图比例尺应为 0.1mm÷0.1m=1∶1000。

由表 1-1 可知,地形图的精度与比例尺有关,比例尺越大,图上反映的地物、地貌越详细准确;反之,比例尺越小,图上表示的地物、地貌越简略,但比例尺越大,测图工作量和投资将数倍增加。因此,用图部门应根据工程的需要,参照表 1-1 合理选择测图比例尺，以免造成浪费。

表1-1　　测图比例尺的选用范围

比例尺	比例尺精度/m	用途
1∶10000 1∶5000	1.00 0.50	城市规划设计（城市总体规划、厂址选择、区域位置、方案比较等）
1∶2000	0.20	城市详细规划和工程项目的初步设计等
1∶1000 1∶500	0.10 0.05	城市详细规划、管理，地下管线和地下人防工程的竣工图，工程项目的施工图设计等

2. 总平面图坐标系统

(1)测量坐标系。

①测量平面坐标系。测量平面坐标系是建筑区勘测设计时建立的平面直角坐标系。它一般与国家大地测量坐标或城镇坐标系相一致。即纵轴 x 轴为南北向，横轴 y 轴为东西向。并以在平面图上绘制正方形格网来表示，每一方格在图上为10cm×10cm。

②测量高程系。1987年前采用“1956年黄海高程系统”，1987年开始采用“1985年国家高程基准”。

(2)建筑坐标系。

①建筑平面坐标系。为了设计和施工的方便，在建筑区建立独立的坐标系统。其纵轴为 A 轴，与主要建筑物的主轴线方向平行。横轴为 B 轴，与 A 轴垂直。坐标原点设在总平面图的西南角，从而使所有建筑物的坐标皆为正值。

在有些建筑区由于各建筑群体轴线方向不同，因而会有不同方向的建筑坐标系统，见图1-2。

②建筑高程系。一般以建筑物底层室内地坪作为基准面，

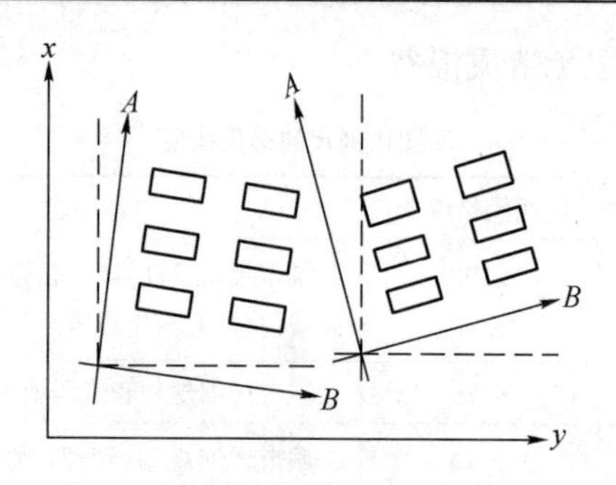

图 1-2　建筑群的建筑坐标系

假定其高程为±0.000m。建筑物各部高程，均为以±0.000m作基准面的相对高程。

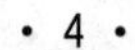

3. 地物图例符号

地形图上的地物是按地形图图式的规定表示的。图例符号可分为下列几种。

(1)按比例尺绘制的符号。

地物的平面轮廓，按平面图比例尺缩绘到图上的符号，称为按比例尺绘制的符号。如房屋、湖泊、农田、森林等。按比例尺绘制符号绘制的地物，不仅能反映其平面位置，而且能反映出形状与大小。

(2)不按比例尺绘制的符号。

某些重要地物其轮廓较小，按比例尺缩小到图上无法绘制出来，于是用规定的符号表示，称为不按比例尺绘制的符号。如三角点、水准点、独立树、电杆、水塔等。不按比例尺绘制的符号只表示物体的中心或中线的平面位置，不表示物体的形状与大小。地物符号见表 1-2。

表 1-2　地物符号

编号	符号名称	图例	编号	符号名称	图例
1	坚固房屋 （4—房屋层数）	坚4　1.5	10	旱　地	1.0　2.0　10.0　10.0
2	普通房屋 （2—房屋层数）	2　1.5	11	灌木林	0.5　1.0
3	窑洞 (a)住人的 (b)不住人的 (c)地面下的	(a) 2.5　2.0　(b)　(c)	12	菜　地	2.0　2.0　10.0　10.0
4	台　阶	0.5　0.5　0.5	13	高压线	4.0
5	花　圃	1.5　1.5　10.0　10.0	14	低压线	4.0
6	草　地	1.5　0.8　10.0　10.0	15	电　杆	1.0
7	经济作物地	0.8　3.0　蔗　10.0　10.0	16	电线架	
8	水生经济 作物地	3.0　藕　0.5	17	砖、石及混 凝土围墙	10.0　10.0　0.5　0.5　10.0　0.3
9	水稻田	0.2　2.0　10.0　10.0	18	土围墙	

续表

编号	符号名称	图例	编号	符号名称	图例
19	栅栏、栏杆	1.0 10.0	30	旗　杆	1.5 4.0　1.0 1.0
20	篱　笆	1.0 10.0	31	水　塔	2.0 3.5　1.0 1.0
21	活树篱笆	5.0　0.5　1.0	32	烟　囱	3.5 1.0
22	沟　渠 (a)有堤岸的 (b)一般的 (c)有沟堑的	(a) (b)　0.3 (c)	33	气象台	3.0 3.5 1.0
			34	消火栓	1.5 1.5　2.0
23	公　路	0.15 沥：砾 0.3	35	阀　门	1.5 1.5　1.5
24	简易公路	0.15 碎石 0.15	36	水龙头	3.5　2.0 1.2
25	大车路	8.0　2.0 0.15 0.3	37	钻　孔	3.0　1.0
26	小　路	4.0　1.0 0.3	38	路　灯	1.5　4.0 1.0
27	三角点 (凤凰山—点名, 394.468 —高程)	凤凰山 394.468 3.0	39	独立树 (a)阔叶 (b)针叶	1.5 (a) 3.0 0.7 (b) 3.0 0.7
28	图根点 (a)埋石的 (b)不埋石的	2.0　N16/84.46 (a) 1.5　D25/62.74 2.5 (b)	40	岗亭、岗楼	90° 3.0 1.5
29	水准点 (Ⅱ京石5—等级、点号; 32.804 —高程)	2.0　Ⅱ京石5/32.804	41	高程点及其注记	0.5 · 153.3　65.6

（3）线形符号。

对于线形地物，如铁路、通信线路等，其长度按比例表示，宽度不按比例表示的符号，称线形符号。

（4）注记符号。

图上用文字、数字进行标记的，称注记符号。

4. 等高线

表示地貌的方法很多，在总平面图中常用等高线表示。

（1）等高线。

是地面上高程相等的各相邻点所连成的闭合曲线，见图1-3。设有一山头被等间距的水平面 P_1、P_2 和 P_3 所截，则各水平面与山地的相应的截线即等高线。将各等高线投影到一个水平面 H 上，并按规定的比例尺缩绘到图纸上，便得到用等高线表示的该山头的地貌图。

（2）等高距。

地形图上相邻等高线的高差，称为等高距，用 h 表示。测地形图时按规定选择的等高距为基本等高距，见表1-3。

表1-3　地形图的基本等高距　（单位：m）

地形类别与地面倾角		比例尺			
		1∶500	1∶1000	1∶2000	1∶5000
平地、丘陵	6°以下	0.5	0.5	1	2
山地	6°～15°	0.5	1	2	5
陡山地	15°以上	1	1	2	5

（3）等高线平距。

相邻等高线间的水平距离称为等高线平距，常以 d 表示。地面坡度越陡，等高线平距越小；相反，坡度越缓，等高线平距越大;若地面坡度保持不变,则等高线平距相等。

(4)等高线分类。

①首曲线。在地形图上,按规定的基本等高距测定的等高线,称为首曲线,亦称基本等高线。见图 1-4 所示的 58m、60m、62m、64m 高的等高线。

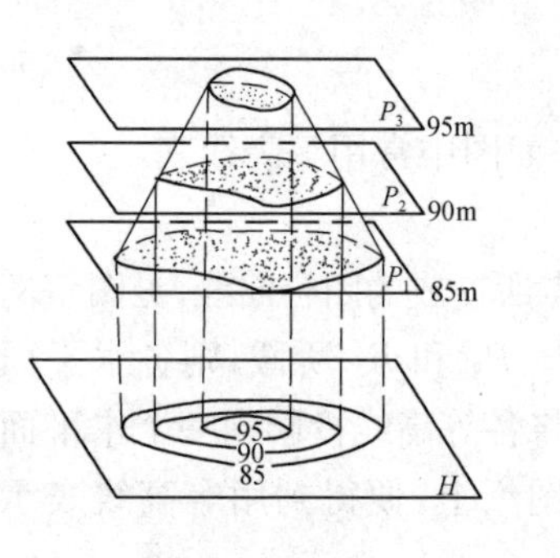

图 1-3　等高线

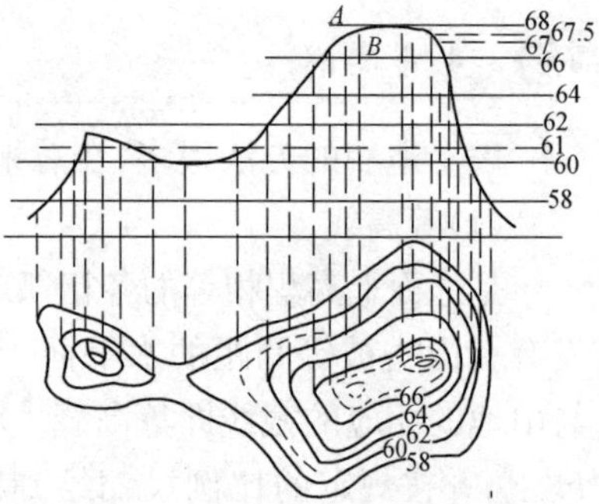

图 1-4　等高线的种类

②计曲线。为了计算方便,每隔四条首曲线(每五倍基本等高距)加粗一条等高线,称为计曲线,亦称加粗等高线。见图 1-4 所示 60m 的等高线。

③间曲线。当首曲线不足以显示局部范围地貌特征时,按 1/2 基本等高距测绘的等高线,称为间曲线。常用长虚线表示,描绘时可以不闭合。见图 1-4 所示 61m 和 67m 等高线。

④助曲线。当首曲线和间曲线都不足以显示局部范围地貌特征时,按 1/4 基本等高距测绘的等高线,称为助曲线。一般用短虚线表示,描绘时也可不闭合。见图 1-4 所示 67.5m 等高线。

(5)几种典型地貌的等高线。

①山头与洼地的等高线。山头与洼地的等高线都是由一组闭合曲线组成,其形状比较相似。在总平面图上区分它们的方

法是通过等高线上所注高程来判断。内圈等高线较外圈等高线高程高时，表示山头，见图 1-5。相反，内圈等高线较外圈等高线高程低时，表示洼地，见图 1-6。

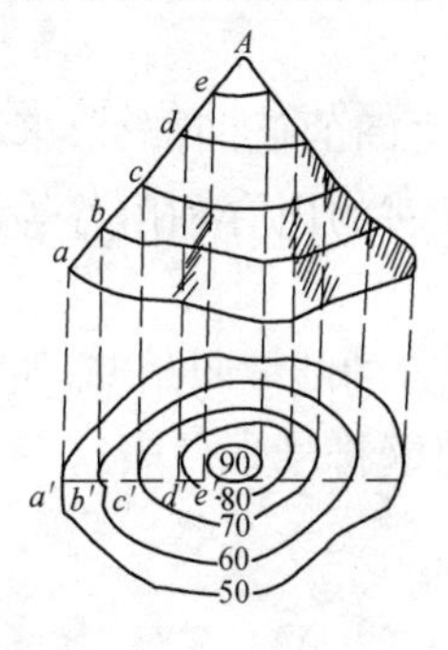

图 1-5　山头等高线

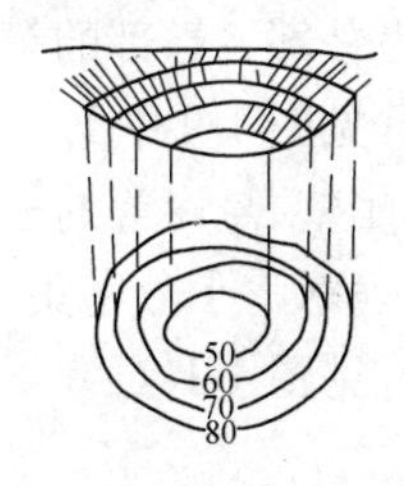

图 1-6　洼地等高线

②山脊与山谷的等高线。山顶向山脚延伸的凸起部分，称为山脊。山脊的等高线是一组凸向低处的曲线，见图 1-7。山脊上最高点的连线是雨水分界线，称为山脊线或分水线，图中 S 是山脊线。

两山脊之间向一个方向延伸的低凹部分叫山谷。山谷的等高线是一组凸向高处的曲线，见图 1-8。山谷中最低点的连线是雨水汇集流动的地方，称为山谷线或集水线，见图中 T 为山谷线。

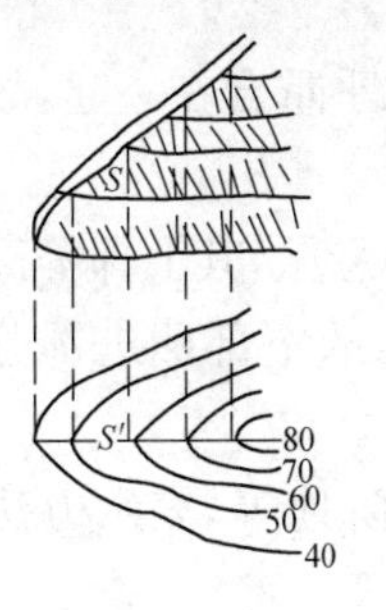

图 1-7　山脊等高线

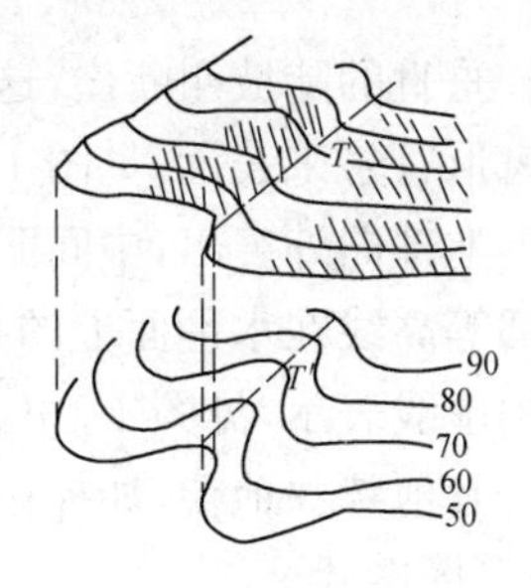

图 1-8　山谷等高线

山脊线与山谷线是表示地貌特征的线，所以又称为地性线。地性线构成山地地貌的骨架，因而地性线表示正确与否，直接影响到地貌是否真实、形象。地性线在测图、识图和用图中具有重要的意义。

③鞍部的等高线。相邻两个山头之间的低凹部分，形似马鞍，称为鞍部。鞍部的等高线是两组相对的山脊和山谷等高线的组合，见图 1-9 中 K。

④峭壁、悬崖等的表示法。近于垂直的陡坡叫峭壁，如果用等高线表示将十分密集。因此，采用峭壁符号来代表这一部分等高线，见图 1-10(a)。

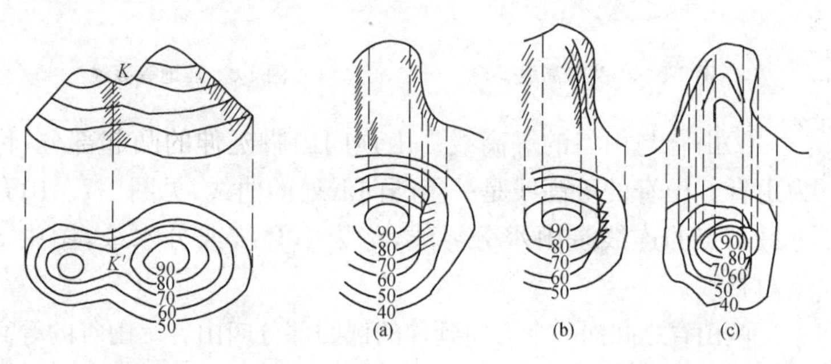

图 1-9　鞍部等高线

图 1-10 峭壁、悬崖等高线
(a)峭壁；(b)断崖；(c)悬崖

垂直的陡坡叫断崖，这部分等高线几乎重合在一起，故采用锯齿形符号来表示，见图 1-10(b)。

上部向外突出，中间凹进的陡坡称为悬崖，其上部等高线与下部等高线在水平面上的投影覆盖相交，故下部凹进部分等高线用虚线表示，见图 1-10(c)。

其他特殊地貌，如梯田、冲沟、雨裂、阶地等，表示方法参见《地形图图式》。

(6)等高线的特性。

①同一条等高线上各点的高程必定相等。

②等高线为一闭合曲线,如不在本图幅内闭合,则在相邻的其他图幅内闭合,等高线不能在图幅内中断。

③除悬崖、峭壁外,不同高程的等高线不能相交。

④山脊与山谷的等高线与山脊线和山谷线成正交。

⑤在同一幅图内,等高线平距大,表示地面坡度小;反之,平距小,则表示坡度大;平距相等,则坡度相同。倾斜平面上的等高线是间距相等的平行直线。

二、施工图识读基础知识

1. 施工图的分类及作用

施工图纸一般按专业进行分类,分为建筑、结构、设备(给排水、采暖通风、电气)等几类,分别简称为“建施”、“结施”、“设施”(“水施”、“暖施”、“电施”)。每一种图纸又分基本图和详图两部分。基本图表明全局性的内容,详图表明某一局部或某一构件的详细尺寸和材料做法等。

施工图是设计单位最终的“技术产品”,施工图设计的最终文件应满足四项要求:①能据以编制施工图预算;②能据以安排材料、设备订货和非标准设备的制作;③能据以进行施工和安装;④能据以进行工程验收。施工图是进行建筑施工的依据,对建设项目建成后的质量及效果,负有相应的技术与法律责任。因此,常说“必须按图施工”。即使是在建筑物竣工投入使用后,施工图也是对该建筑进行维护、修缮、更新、改建、扩建的基础资料。特别是一旦发生质量或使用事故,施工图则是判断技术与法律责任的主要依据。

2. 施工图纸的编排顺序

一套房屋建筑的施工图按其建筑的复杂程度不同，可以由几张图或几十张图组成，大型复杂的建筑工程的图纸甚至有上百张。因此按照国家标准的规定，应将图纸进行系统的编排。一般一套完整的施工图的排列顺序是：图纸目录、施工总说明、建筑总平面、建筑施工图、结构施工图、给水排水施工图、采暖通风施工图、电气施工图等。其中各专业图纸也应按照一定的顺序编排，其总的原则是全局性图纸在前，局部详图在后；先施工的在前，后施工的在后；布置图在前，构件图在后；重要图纸在前，次要图纸在后。

3. 阅读房屋施工图的基本方法

(1)读图应具备的基本知识。

施工图是根据投影原理，用图纸来表明房屋建筑的设计和构造做法的。因此，要看懂施工图的内容，必须具备以下基本知识：

①应熟练掌握投影原理和建筑形体的各种表示方法。

②熟悉房屋建筑的基本构造。

③熟悉施工图中常用图例、符号、线型、尺寸和比例等的意义和有关国家标准规定。

(2)阅读施工图的基本方法与步骤。

要准确、快速地阅读施工图纸，除了要具备上面所说的基本知识外，还需掌握一定的方法和步骤。图纸的阅读可分三大步骤进行。

①第一步：按图纸编排顺序阅读。通过对建筑的地点、建筑类型、建筑面积、层数等的了解，对该工程有一个初步的了解；再

看图纸目录，检查各类图纸是否齐全；了解所采用的标准图集的编号及编制单位，将图集准备齐全，以备查看；然后按照图纸编排顺序，即建筑、结构、水、暖、电的顺序对工程图纸逐一进行阅读，以便对工程有一个概括、全面了解。

②第二步：按工序先后，相关图纸对照读。先从基础看起，根据基础了解基坑的深度，基础的选型、尺寸、轴线位置等，另外还应结合地质勘探图，了解土质情况，以便施工中核对土质构造，保证施工质量；然后按照基础、结构、建筑，并结合设备施工程序进行阅读。

③第三步：按工种分别细读。由于施工过程中需要不同的工种完成不同的施工任务，所以为了全面准确地指导施工，考虑各工种的衔接以及工程质量和安全作业等措施，还应根据各工种的施工工序和技术要求将图纸进一步分别细读。

总之，施工图阅读总原则是，从大到小、从外到里、从整体到局部，有关图纸对照读，并注意阅读各类文字说明。看图时应将理论与实践相结合，联系生产实践，不断反复阅读，才能尽快地掌握方法，全面指导施工。

三、建筑施工图识读

1. 总平面图

(1)总平面图及作用。

在画有等高线或坐标方格网的地形图上，画上新建工程及其周围原有建筑物、构筑物及拆除房屋的外轮廓的水平投影，以及场地、道路、绿化等的平面布置图形，即为总平面图。

总平面图是表明新建房屋在基地范围内的总体布置图，是用来作为新建房屋的定位、施工放线、土方施工和布置现场（如建筑材料的堆放场地、构件预制场地、运输道路等），以及设计水、暖、电、煤气等管线总平面图的依据。

(2)总平面图的基本内容。

①总平面图常采用较小的比例绘制，如 1∶500、1∶1000、1∶2000。总平面图上坐标、标高、距离，均以“m”为单位。

②表明新建区的总体布局，如拨地范围、各建筑物及构筑物的位置、道路、管网的布置等。

③表明新建房屋的位置、平面轮廓形状和层数；新建建筑与相邻的原有建筑或道路中心线的距离；还应表明新建建筑的总长与总宽；新建建筑物与原有建筑物或道路的间距，新增道路的间距等。

④表明新建房屋底层室内地面和室外整平地面的绝对标高，说明土方填挖情况、地面坡度及雨水排除方向。

⑤标注指北针或风玫瑰图，用以说明建筑物的朝向和该地区常年的风向频率。

⑥根据工程的需要，有时还有水、暖、电等管线总平面图、各种管线综合布置图、竖向设计图、道路纵横剖面图以及绿化布置图。

(3)阅读总平面图的步骤。

总平面图的阅读步骤如下：

①看图样的比例、图例及相关的文字说明。

②了解工程的性质、用地范围和地形、地物等情况。

③了解地势高低。

④明确新建房屋的位置和朝向、层数等。

⑤了解道路交通情况，了解建筑物周围的给水、排水、供暖和供电的位置，管线布置走向。

⑥了解绿化、美化的要求和布置情况。

当然这只是阅读平面图的基本步骤，每个工程的规模和性质各不相同,阅读的详略也各不相同。

(4)测量放线工读总平面图要点。

①阅读文字说明、熟悉总图图例并了解图的比例尺、方位与朝向的关系。

②了解总体布置、地物、地貌、道路、地上构筑物、地下各种管网布置走向,以及水、暖、煤气、电力电信等在新建建筑物由的引入方向。

③对于测量人员要特别注意查清新建建筑物位置和高程的定位依据和定位条件。

2. 建筑平面图

(1)建筑平面图的形成与作用。

建筑平面图是假想用一水平的剖切平面沿房屋的门窗洞口将整个房屋切开,移去上半部分,对其下半部分作出水平剖面图,称为建筑平面图。

建筑平面图是表达了建筑物的平面形状,走廊、出入口、房间、楼梯卫生间等的平面布置,以及墙、柱、门窗等构配件的位置、尺寸、材料和做法等内容的图样。

建筑平面图是建筑施工图中最重要、最基本的图样之一,它用以表示建筑物某一层的平面形状和布局,是施工放线、墙体砌筑、门窗安装、室内外装修的依据。

(2)基本内容。

①通过图名,可以了解这个建筑平面图表示的是房屋的哪一层平面,比例根据房屋的大小和复杂程度而定。建筑平面图的比例宜采用1∶50、1∶100、1∶200。

②建筑物的朝向、平面形状、内部的布置及分隔,墙(柱)的位置、门窗的布置及其编号。

③纵横定位轴线及其编号。

④尺寸标注。

a. 外部三道尺寸：总尺寸、轴线尺寸（开间及进深）、细部尺寸（门窗洞口、墙垛、墙厚等）。

b. 内部尺寸：内墙墙厚、室内净空大小、内墙上门窗的位置及宽度等。

c. 标高：室内外地面、楼面、特殊房间（卫生间、盥洗室等）楼（地）面、楼梯休息平台、阳台等处建筑标高。

⑤剖面图的剖切位置、剖视方向、编号。

⑥构配件及固定设施的定位，如阳台、雨篷、台阶、散水、卫生器具等，其中吊柜、洞槽、高窗等用虚线表示。

⑦有关标准图及大样图的详图索引。

(3)建筑平面图的读图要点。

①多层建筑物的各层平面图，原则上应从首层平面图（有地下室时应从地下室）读起，逐层读到顶层平面图。必须注意每层平面图上的文字说明，尺寸要以轴线图为准。

②每层平面图先从轴线开始读起，记准开间、进深尺寸，再看墙厚、柱子的尺寸及其与轴线的关系，门窗尺寸和位置等。一般应按先大后小、先粗后细、先结构后装饰的顺序进行。最后可按不同的房间，逐个掌握图纸表达的内容。

③检查尺寸与标高有无注错或遗漏。

④仔细核对门窗型号和数量，掌握内装饰的各处做法。

⑤结合结构布置图，设备系统平面图识读，互相参照，以利施工。

3. 建筑立面图

(1)形成与作用。

为了表示房屋的外貌，通常将房屋的四个主要的墙面向与其平行的投影面进行投射，所画出的图样称为建筑立面图。

立面图表示建筑的外貌、立面的布局造型，门窗位置及形式，立面装修的材料，阳台和雨篷的做法以及雨水管的位置。立面图是设计人员构思建筑艺术的体现。在施工过程中，立面图主要用于室外装修。

(2)建筑立面图的命名。

①以建筑墙面的特征命名。将反映主要出入口或比较显著地反映房屋外貌特征的墙面，称为"正立面图"。其余立面称为"背立面图"和"侧立面图"。

②按各墙面朝向命名。如"南立面图"、"北立面图"、"东立面图"和"西立面图"等。

③按建筑两端定位轴线编号命名。如①～⑨立面图等。

(3)建筑立面图基本内容。

①建筑立面图的比例与平面图的比例一致，常用1∶50，1∶100，1∶200的比例尺绘制。

②室外地面以上的外轮廓、台阶、花池、勒角、外门、雨篷、阳台、各层窗洞口、挑檐、女儿墙、雨水管等的位置。

③外墙面装修情况，包括所用材料、颜色、规格。

④室内外地坪、台阶、窗台、窗上口、雨篷、挑檐、墙面分格线、女儿墙、水箱间及房屋最高顶面等主要部位的标高及必要的高度尺寸。

⑤有关部位的详图索引，如一些装饰、特殊造型等。

⑥立面左右两端的轴线标注。

(4)建筑立面图读图要点。

①应根据图名或轴线编号对照平面图，明确各立面图所表示的内容是否正确。

②检查立面图之间有无不吻合的地方，通过识读立面图，联

系平面图及剖面图建立建筑物的整体概念。

4. 建筑剖面图

(1)形成与作用。

建筑剖面图主要用来表达房屋内部沿垂直方向各部分的结构形式、组合关系、分层情况构造做法以及门窗高、层高等，是建筑施工图的基本详图之一。

剖面图通常是假想用一个或多个垂直于外墙轴线的铅垂剖切平面将整幢房屋剖开，经过投射后得到的正投影图，称为建筑剖面图。

剖面图的数量根据房屋的具体情况和施工的实际需要而决定。一般剖切平面选择在房屋内部结构比较复杂、能反映建筑物整体构造特征以及有代表性的部位剖切。例如楼梯间和门窗洞口等部位。剖面图的剖切符号应标注在底层平面图上，剖切后的方向宜向上、向左。

(2)基本内容。

①剖面图的比例应与建筑平面图、立面图一致，宜采用1：50、1：100、1：200的比例尺绘制。

②表明剖切到的室内外地面、楼面、屋顶、内外墙及门窗的窗台、过梁、圈梁、楼梯及平台、雨篷、阳台等。

③表明主要承重构件的相互关系，如各层楼面、屋面、梁、板、柱、墙的相互位置关系。

④标高及相关竖向尺寸，如室内外地坪、各层楼板、吊顶、楼梯平台、阳台、台阶、卫生间、地下室、门窗、雨篷等处的标高及相关尺寸。

⑤剖切到的外墙及内墙轴线标注。

⑥需另见详图部位的详图索引，如楼梯及外墙节点等。

(3)读图要点。

①根据平面图中表明的剖切位置及剖视方向,校核剖面图所表明的轴线编号、剖切到的部位及可见到的部位与剖切位置,剖视方向是否一致。

②校对尺寸、标高是否与平面图一致。通过核对尺寸、标高及材料做法,加深对建筑物各处做法的整体了解。

5.建筑平、立、剖面图的关系

平、立、剖面图是建筑施工图的三种基本图纸,它们所表达的内容既有分工又有紧密的联系。平面图重点表达房屋的平面形状和布局,反映长、宽两个方向的尺寸;立面图重点表现房屋的外貌和外装修,主要尺寸是标高;剖面图重点表示房屋内部竖向结构形式、构造方式,主要尺寸是标高和高度。三种图纸之间有着确定的投影关系,又有统一的尺寸关系,具有相互补充、相互说明的作用。定位轴线和标高数字是它们相互联系的基准。

阅读房屋施工图纸,要运用上述联系,按平→立→剖面图的顺序来阅读;同时,必须注意根据图名和轴线,运用投影对应关系和尺寸关系,互相对照阅读。

6.建筑详图

建筑详图是采用较大比例表示在平、立、剖面图中未交代清楚的建筑细部的施工图样,它的特点是比例大、尺寸齐全准确、材料做法说明详尽。在设计和施工过程中建筑详图是建筑平、立、剖面图等基本图纸的补充和深化,是建筑工程的细部施工;建筑构配件的制作及编制预算的依据。

对于套用标准图或通用详图的建筑构配件和节点,应注明所选用图集名称、编号或页码。

(1)建筑详图的图示内容和识图要点。

建筑详图的内容、数量以及表示方法,都是根据施工的需要而定的。一般应表达出建筑局部、构配件或节点的详细构造,所用的各种材料及其规格,各部位、各细部的详细尺寸,包括需要标注的标高,有关施工要求和做法的说明等。当表示的内容较为复杂时,可在其上再索引出比例更大的详图。

在建筑详图中,墙身详图、楼梯详图、门窗详图是详图表示中最为基本的内容。

墙身详图。墙身详图与平面图配合,是砌墙、室内外装修、门窗洞口、编制预算的重要依据。

a. 根据墙身的轴线编号,查找剖切位置及投影方向,了解墙体的厚度、材料及与轴线的关系。

b. 看各层梁、板等构件的位置及其与墙身的关系。

c. 看室内楼地面、门窗洞口、屋顶等处的标高,识读标高时要注意建筑标高与结构标高的关系。

d. 看墙身的防水、防潮做法:如檐口、墙身、勒脚、散水、地下室的防潮、防水做法。

e. 看详图索引:一般图中的雨水管及雨水管进水口、踢脚、窗帘盒、窗台板、外窗台等处均引有详图。

(2)楼梯详图。

楼梯详图主要表示楼梯的类型、结构形式及梯段、栏杆扶手、防滑条等的详细构造方式、尺寸和材料。

①楼梯详图一般由楼梯平面图、剖面图和节点大样图组成。一般楼梯的建筑详图与结构详图是分别绘制的,但比较简单的楼梯有时也可将建筑详图与结构详图合并绘制,编入结构施工图中。楼梯详图是楼梯施工的主要依据。

a. 楼梯平面图。可以认为是建筑平面图中局部楼梯间的放大，它用轴线编号表明楼梯间的位置，注明楼梯间的长宽尺寸、楼梯级数、踏步宽度、休息平台的尺寸和标高等。

b. 楼梯剖面图。主要表明各楼层及休息平台的标高，楼梯踏步数，构件搭接方法，楼梯栏杆的形式及高度，楼梯间门窗洞口的标高及尺寸等。

c. 节点大样图。即楼梯构配件大样图，主要表明栏杆的截面形状、材料、高度、尺寸，以及与踏步、墙面的连接做法，踏步及休息平台的详细尺寸、材料、做法等。

节点大样图多采用标准图，对于一些特殊造型和做法的，还须单独绘制详图。

②楼梯详图的读图要点。

a. 根据轴线编号查清楼梯详图与建筑平面、立面、剖面图的关系。

b. 楼梯间门窗洞口及圈梁的位置和标高，要与建筑平面、立面、剖面图及结构图纸对照识读。

c. 当楼梯间地面低于首层地面标高时，应注意楼梯间墙的防潮做法。

d. 当楼梯详图由建筑和结构两专业分别绘制时，应互相对照，特别注意校核楼梯梁、板的尺寸和标高。

(3)门窗详图。

门、窗详图一般由立面图、节点大样图组成。立面图用于表明门、窗的形式，开启方式和方向，主要尺寸及节点索引号等；节点大样是用来表示截面形式、用料尺寸、安装位置、门窗扇与门窗框的连接关系等。

当前，塑钢门窗、铝合金门窗等，国家或地区的标准图集对各种门窗，就其形式到尺寸表示得较为详尽，门窗的生产、加工也趋于规模化、统一化，门窗的加工已从施工过程中分离出来。

因此施工图中关于门、窗详图内容的表达上，一般只需注明标准图集的代号即可，以便于预算、订货。

(4)标准图集的使用。

在房屋建筑中，为了加快设计和施工的进度，提高质量，降低成本，设计部门把各种常见的、多用的建筑物以及各类房屋建筑中各专业所需要的构件、配件，按统一模数设计成几种不同的标准规格，统一绘制出成套的施工图，经有关部门审查批准后，供设计和施工单位直接选用。这种图称为建筑标准设计图，把它们分类、编号装订成册，称为建筑标准设计图集或建筑标准通用图集，简称标准图集或通用图集。

①标准图集的分类，详见表 1-4。

表 1-4　　常用图集分类表

<table>
<tr><th>分类</th><th colspan="3">具体内容</th></tr>
<tr><td rowspan="3">按使用范围</td><td colspan="2">全国通用图集</td><td>经国家标准设计主管部门批准的全国通用的建筑标准设计图集</td></tr>
<tr><td colspan="2">地区通用图集</td><td>经省、市、自治区批准的建筑标准设计图集，可在相应地区范围使用</td></tr>
<tr><td colspan="2">单位内部图集</td><td>由各设计单位编制的图集，可供单位内部使用</td></tr>
<tr><td rowspan="3">按表达内容</td><td rowspan="2">构配件标准图集</td><td>建筑配件标准图集</td><td>与建筑设计有关的建筑配件详图和标准做法，如门、门窗、厕所、水池、栏杆、屋面、顶棚、楼地面、墙面、粉刷等详图或做法</td></tr>
<tr><td>建筑构件标准图集</td><td>与结构设计有关的构件的结构详图，如屋架、梁、板、楼梯、阳台等</td></tr>
<tr><td colspan="2">成套建筑标准设计图集</td><td>整幢建筑物的标准设计(定型设计)，如住宅、小学、商店、厂房等</td></tr>
</table>

②查阅方法。

a. 根据施工图中构件、配件所引用的标准图集或通用图集的名称、编号及编制单位，查找所选用的图集。

b. 阅读图集的总说明，了解本图集编号和表示方法，以及编制图集的设计依据、适用范围、适用条件、施工要求及注意事项。

c.根据施工图中的索引符号，即可找到所需要的构、配件详图。

例如木门的编号方法是：

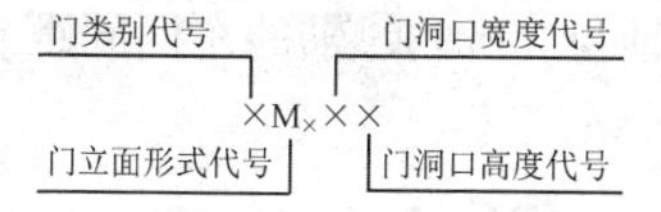

如1M137，其中1M1表示夹板门带玻璃，门宽、高的代号分别为3和7，再由说明可知将宽度和高度代号各乘以300，即为门的尺寸900mm×2100mm。

7.建筑定位轴线

(1)建筑定位轴线的作用。

它是用来确定建(构)筑物主要结构或构件位置及尺寸的控制线。如决定墙体位置，柱子位置，屋架、梁、板、楼梯的位置等主要部位都要编轴线。在平面图中，横向与纵向的轴线构成轴线网，它是设计绘图时决定主要结构位置和施工时测量放线的基本依据。一般情况下主要结构或构件的自身中线与定位轴线是一致的。但也常有不一致的情况，这在审图、放线和向施工人员交底时，均应特别注意，以防放错线、用错线而造成工程错位事故。

(2)如何审校定位轴线图。

由于定位轴线是确定建(构)筑物主要结构或构件位置及尺寸的控制线。因此，严格审校好定位轴线图中的各种尺寸、角度关系是以后审校平面图的基础，尤其是大型、复杂建(构)筑物的定位轴线图。

①定位轴线图的图形根据建(构)筑物的造型布置可分为：

a. 矩形直线型轴线，这是最常用的、也是最简单的轴线。当建筑平面分成几区时，则应注意各分区轴线间的关系尺寸。见图 1-11，1 区的(1-B)轴与 2 区的(2-D)轴东西贯通，1 区的(1-1)轴与 3 区(3-3)轴南北贯通；在没有贯通时，如 1 区的(1-D)轴与 3 区的(3-A)轴是相重合的，1 区的(1-7)轴与 2 区的(2-1)轴的东西间距 y 在图中应注明，以明确各分区间关系。

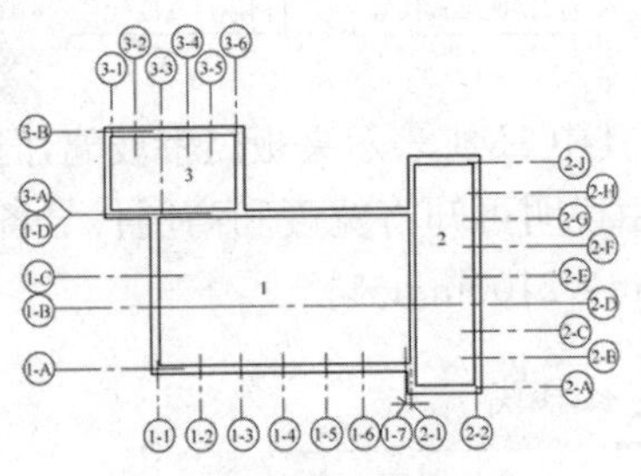

图 1-11　矩形直线型轴线

b. 多边折线型轴线，折线“S”形轴线、对称蝶形轴线。

c. 圆弧曲线型轴线，三面圆弧形轴线、“S”形圆弧轴线。

d. 二次曲线型轴线为椭圆形、双曲线—抛物线大厅。

e. 复杂曲线型轴线如厅蜗牛状复杂曲线。

②定位轴线图的审校要遵守以下原则：

a. 先校整体、后查细部的原则。即先对整个建筑场地和建筑物四廓尺寸的闭合校核无误后，再校核各细部尺寸。

b. 先审定基本依据数据、再校核推导数据的原则。例如一段圆曲线的校核，一般折角 α 与半径 R 是基本依据，而圆弧长 L、切线长 T、弦长 C、外距 E 及矢高 M 则是推导数据，基本依据数据必须是原始的正确的，才能用于对推导数据的校核。

c. 必须有独立有效的计算校核的原则。

d. 工程总体布局合理、适用，各局部布置符合各种规范要求的原则。前三项审校都是从几何尺寸上的审校，本项审核则是从工程功能、工程构造与工程施工等方面的审校，如建筑物的间距应满足防火与日照及施工的需要等，这方面的审核就要有丰富的工程知识和经验。

四、结构施工图识读

1. 结构施工图

(1)结构施工图的组成、作用及特点。

结构施工图，是结构设计时根据建筑的要求，选择结构类型，进行合理的构件布置，再通过结构计算，确定构件的断面形状、大小、材料及构造，反映这些设计成果的图样。

结构施工图由结构设计说明、结构平面图、结构详图和其他详图组成。

结构施工图是施工放线、挖基槽、支模板、绑扎钢筋、设置预埋件、浇筑混凝土、安装预制构件、编制预算和施工组织计划的依据。

房屋由于结构形式的不同，结构施工图所反映的内容也有所不同。如混合结构房屋的结构图主要反映墙体、梁或圈梁、门窗过梁、混凝土柱、抗震构造柱、楼板、楼梯以及它们的基础等内容；而钢筋混凝土框架结构房屋的结构图，主要是反映梁、板、柱、楼梯、围护结构以及它们相应的基础等；另外排架结构房屋的结构图主要反映柱子、墙梁、连系梁、吊车梁、屋架、大型屋面板、波形水泥大瓦等结构内容。因此阅读结构施工图时，应根据不同的结构特点进行阅读。

(2)结构施工图常用图示方法及符号。

①常用构件代号。结构构件种类繁多，为了便于绘图、读

图,在结施图中用代号来表示构件的名称,常用构件代号见表1-5。

表 1-5 常用构件代号

序号	名称	代号	序号	名称	代号	序号	名称	代号
1	板	B	19	圈梁	QL	37	承台	CT
2	屋面板	WB	20	过梁	GL	38	设备基础	SJ
3	空心板	KB	21	连系梁	LL	39	桩	Z
4	槽形板	CB	22	基础梁	JL	40	挡土墙	DQ
5	折板	ZB	23	楼梯梁	TL	41	地沟	DG
6	密肋板	MB	24	框架梁	KL	42	柱间支撑	ZC
7	楼梯板	TB	25	框支架	KZL	43	垂直支撑	CC
8	盖板或沟盖板	GB	26	屋面框架梁	WKL	44	水平支撑	SC
9	挡雨板或檐口板	YB	27	檩条	LT	45	梯	T
10	吊车安全走道	DB	28	屋架	WJ	46	雨篷	YP
11	墙板	QB	29	托架	TJ	47	阳台	YT
12	天沟板	TGB	30	天窗架	CJ	48	梁垫	LD
13	梁	L	31	框架	KJ	49	预埋件	M
14	屋面梁	WL	32	刚架	GJ	50	天窗端壁	TD
15	吊车梁	DL	33	支架	ZJ	51	钢筋网	W
16	单轨吊车梁	DDL	34	柱	Z	52	钢筋骨架	G
17	轨道连接	DGL	35	框架柱	KZ	53	基础	J
18	车挡	CD	36	构造柱	GZ	54	暗柱	AZ

注:1. 预制钢筋混凝土构件、现浇钢筋混凝土构件、钢构件和木构件,一般可直接采用。在绘图中,当需要区别上述构件的材料种类时,可在构件代号前加注材料代号,并在图纸中加以说明。

2. 预应力钢筋混凝土构件的代号,应在构件代号前加注“Y-”,如 Y-DL 表示预应力钢筋混凝土吊车梁。

②钢筋的常用表示方法。

a. 钢筋的图示方法。在结构图中，钢筋的图示方法是结构图阅读的主要内容之一。除通常用单根粗实线表示钢筋的立面，用黑圆点表示钢筋的横断面外，还有很多常见的表示方法，见表1-6。

表1-6　钢筋的图示方法

图例	名称及说明	图例	名称及说明
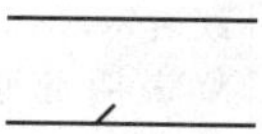	端部无弯钩钢筋 下图表示：长短钢筋投影重叠时短钢筋的端部用斜画线表示	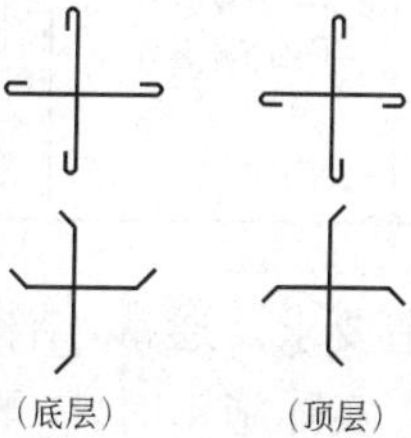 （底层）（顶层）	结构平面图中配置双层钢筋时，底层钢筋弯钩向上或向左，顶层钢筋弯钩向下或向右
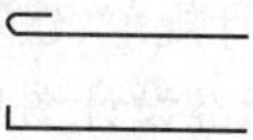	端部是半圆形弯钩或直弯钩的钢筋		
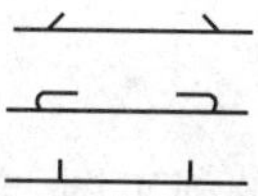	钢筋的搭接 上为无弯钩，中为圆弯钩，下为直弯钩	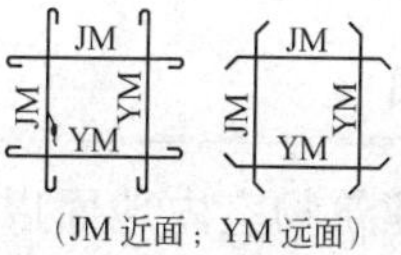 JM YM JM YM JM YM JM YM （JM 近面；YM 远面）	结构墙体配双层钢筋时，配筋立面图中远面钢筋弯钩向上或向左，近面弯钩向下或向右
	带丝扣的钢筋端部	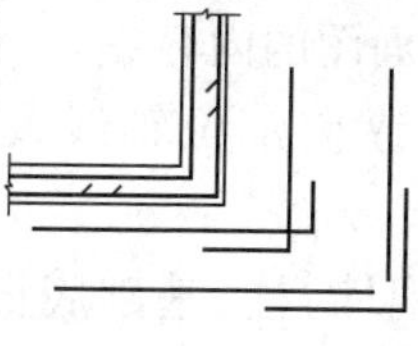	断面图不能表达清楚的钢筋布置，应在断面图增加钢筋大样图
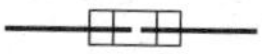 	花篮螺丝钢筋接头 机械连接的钢筋接头		

续表

图例	名称及说明	图例	名称及说明
＋ ——· ·——	单根预应力钢筋断面 预应力钢筋或钢绞线	或	箍筋、环筋等若布置复杂时，可加画钢筋大样及说明
	张拉端锚具 固定端锚具		一组相同钢筋、箍筋或环筋可用一根粗线表示，同时要表明起止位置

b. 钢筋构造要求。通常，结构施工图可能不会将钢筋构造要求全部示出。实际施工时，一般按混凝土结构设计规范、建筑抗震设计规范、钢筋混凝土结构构造图集或结构标准设计图集的构造要求，结合结构施工图指导施工。读者可参考上述设计规范、图集，学习识图。

2. 基础图

基础图是建筑物室内地面以下部分承重结构的施工图，它包括基础平面图和基础详图。基础图是施工放线、开挖基槽、砌筑基础、计算基础工程量的依据。

(1)基础平面图的内容。

①表明横、纵向定位轴线及其编号，应与建筑平面图相一致。

②表明基础墙、柱、基础底面的形状、大小及其与轴线的关系。

③基础梁、柱、独立基础等构件的位置及代号，基础详图的剖切位置及编号。

④其他专业需要设置的穿墙孔洞、管沟等的位置、洞口尺寸、洞底标高等。

⑤基础施工说明。

(2)基础详图的内容。

①基础断面图轴线及其编号(当一个基础详图适用于多条基础断面或采用通用图时，可不标注轴线编号)。

②表明基础的断面形状、所用材料及配筋。

③标注基础各部分的详细构造尺寸及标高。

④防潮层的做法和位置。

⑤施工说明。

(3)基础图的识图要点。

①查明基础类型及其平面布置，与建筑施工图的首层平面图是否一致。

②阅读基础平面图，了解基础边线的宽度。

③将基础平面图与基础详图结合阅读，查清轴线位置。

④结合基础平面图的剖切位置及编号，了解不同部位的基础断面形状(如条形基础的放脚收退尺寸)、材料、防潮层位置、各部位的尺寸及主要部位标高。

⑤对于独立基础等钢筋混凝土基础，应注意将基础平面图和基础详图结合阅读，弄清配筋情况。

⑥通过基础平面图，查清构造柱的位置及数量。其配筋及构造做法，在基础说明中有详细的阐述，应仔细阅读。

⑦查明留洞位置。

五、给水排水施工图识读

1. 平面图

(1)用水设备的平面位置、类型。

(2)给水排水管网的干管、立管、支管的平面位置,编号,走向等。

(3)消火栓、地漏、清扫口等平面位置。

(4)给水引入及污水排除的平面位置,以及与室内外管网的关系。

(5)设备及管道安装的预留洞位置以及预埋件、管沟等。

2. 系统图

(1)表明建筑给水排水管网空间位置关系。

(2)各管径尺寸、立管编号、管道标高、安装坡度等。

(3)各种设备的型号、位置。

3. 详图

给水排水详图即给水排水设备的安装图。主要表示某些设备或管道上节点的详细构造,及安装尺寸。详图要求详尽、具体、视图完整、尺寸齐全,材料规格注写清楚,必要时应附说明。一般情况下,设备及管道节点的安装都有标准图或通用图,如全国通用给水排水标准图集、建筑设备安装图册等,可直接引用;否则应单独绘制详图。详图识读时,应着重掌握详图上的各种尺寸及其要求。

4. 给水排水识图基本要点

(1)识读给水排水施工图,应将平面图和系统图结合起来,按照水流方向进行识读。如给水系统可按照“由干到支”的顺序，即“室外管网→进户管→干管→立管→支管→用水设备”；排水系统可按照“由支到干”的顺序，即“用水设备排水管→干管→立管→总管→室外检查井”。

(2)给水排水系统施工图中，一些常见部位的管材、设备等，其详细位置、尺寸、构造要求等，图中一般不作说明。识读时，应参阅有关专业设计规范、标准图集。

5. 看给水排水平面图

一般自底层开始，逐层阅读给水排水平面图，从平面图可以看出下述内容。

(1)看给水进户管和污(废)水排出管的平面位置、走向、定位尺寸、系统编号以及建筑小区给水排水管网的连接形式、管径、坡度等。一般情况下，给水进户管与排水排出管均有系统编号，读图时，可一个系统一个系统进行。

(2)看给水排水干管、立管、支管的平面位置尺寸、走向和管径尺寸以及立管编号。

(3)建筑内部给水排水管道的布置一般是：下行上给方式的水平配水干管敷设在底层或地下室天花板下，上行下给方式的水平配水干管敷设在顶层天花板下或吊顶之内，在高层建筑内也可设在技术夹层内；给水排水立管通常沿墙、柱敷设；在高层建筑中，给水排水管敷设在管井内；排水横管应于地下埋设，或在楼板下吊设等。

(4)看卫生器具和用水设备的平面位置、定位尺寸、型号规格及数量。

(5)看升压设备(水泵、水箱)等的平面位置、定位尺寸、型号规格数量等。

(6)看消防给水管道，弄清消火栓的平面位置、型号、规格；

水带材质与长度;水枪的型号与口径;消防箱的型号;明装与暗装、单门与双门。

6. 看给水排水系统图

室内排水系统图是反映室内排水管道及设备的空间关系的图纸。室内排水系统从污水收集口开始,经由排水支管、排水干管、排水立管、排出管排除。其图形形成原理与室内给水系统图相同。图中排水管道用单线图表示,水卫设施用图例表示。因此在识读排水系统图之前,同样要熟练掌握有关图例符号的含义。室内排水系统图示意了整个排水系统的空间关系,重要管件在图中也有示意,而许多普通管件在图中并未标注,这就需要读者对排水管道的构造情况有足够了解。有关卫生设备与管线的连接,卫生设备的安装大样图也通过索引的方法表达,而不在系统图中详细画出。排水系统图通常也按照不同的排水系统单独绘制。

在看给水排水系统图时,先看给水排水进出口的编号。为了看得清楚,往往将给水系统和排水系统分层绘出。给水排水各系统应对照给水排水平面图,逐个看各个管道系统图。在给水排水管网平面图中,表明了各管道穿过楼板、墙的平面位置,而在给水排水管网轴测图中,还表明了各管道穿过楼板、墙的标高。

(1)给水系统。识读给水系统轴测图时,从引入管开始,沿水流方向经过干管、立管、支管到用水设备。在给水系统图上卫生器具不画出来,水龙头、淋浴器、莲蓬头只画符号,用水设备如锅炉、热交换器、水箱等则画成示意性立体图,并在支管上注以文字说明。看图时了解室内给水方式,地下水池和屋顶水箱或气压给水装置的设置情况,管道的具体走向,干管的敷设形式,管井尺寸及变化情况,阀门和设备以及引入管和各支管的标高。

(2)排水系统。识读排水系统轴测图时,可从上而下自排水设备开始,沿污水流向经横支管、立管、干管到总排出管。在排水系统图上也只画出相应的卫生器具的存水弯或器具排水管。看图时了解排水管道系统的具体走向,管径尺寸,横管坡度、管道各部位的标高,存水弯的形式、三通设备设置情况,伸缩节和防火圈的设置情况,弯头及三通的选用情况。

7. 看给水排水详图

建筑给水排水工程详图常用的有:水表、管道节点、卫生设备、排水设备、室内消火栓等。看图时可了解具体构造尺寸、材料名称和数量,详图可供安装时直接使用。

六、采暖、通风空调工程图识读

1. 采暖施工图的图示内容

(1)采暖平面图。

①散热器的平面位置、规格、数量及安装方式。

②供热干管、立管、支管的走向、位置、编号及其安装方式。

③干管上的阀门、固定支架等部件的位置。

④膨胀水箱、排气阀等采暖系统有关设备的位置、型号及规格。

⑤设备及管道安装的预留洞、预埋件、管沟的位置。

(2)采暖系统图。

①散热设备和主要附件的空间相互关系及在管道系统中位置。

②散热器的位置、数量、各管径尺寸、立管编号。

③管道标高及坡度。

(3)采暖详图。

主要体现复杂节点、部件的尺寸、构造及安装要求,包括标准图及非标准图。非标准图指的是平面及系统图中表示不清，又无国家标准图集的节点、零件等。

2. 采暖施工图的识读

识读室内采暖工程图需先熟悉图纸目录，了解设计说明，了解主要的建筑图（总平面图及平、立、剖面图）及有关的结构图，在此基础上将采暖平面图和系统图联系对照识读，同时再辅以有关详图配合识读。

(1)熟悉图纸目录。从图纸目录中可知工程图纸的种类和数量，包括所选用的标准图或其他工程图纸，从而可粗略得知工程的概貌。

(2)设计说明和施工说明。

①设计所使用的有关气象资料、卫生标准、热负荷量、热指标等基本数据。

②采暖系统的型式、划分及编号。

③统一图例和自用图例符号的含义。

④图中未加表明或不够明确而需特别说明的一些内容。

⑤统一做法的说明和技术要求。

(3)采暖平面图的识读。

①明确室内散热器的平面位置、规格、数量以及散热器的安装方式（明装、暗装或半暗装）。散热器一般布置在窗台下，以明装为多，如为暗装或半暗装就一般都在图纸说明中注明。散热器的规格较多，除可依据图例加以识别外，一般在施工说明中均有注明。散热器的数量均标注在散热器旁，这样就可使读者一目了然。

②了解水平干管的布置方式。识读时需注意干管是敷设在最高层、中间层还是在底层，以了解采暖系统是上分式、中分式或下分式还是水平式系统。在底层平面图上还会出现回水干管

或凝结水干管(虚线),识图时也要注意。此外,还应搞清干管上的阀门、固定支架、补偿器等的位置、规格及安装要求等。

③通过立管编号查清立管系统数量和位置。

④了解采暖系统中,膨胀水箱、集气罐(热水采暖系统)、疏水器(蒸汽采暖系统)等设备的位置、规格以及设备管道的连接情况。

⑤查明采暖入口及入口地沟或架空情况。当采暖入口无节点详图时,采暖平面图中一般将入口装置的设备如控制阀门、减压阀、除污器、疏水器、压力表、温度计等表达清楚,并注明规格、热媒来源、流向等。若采暖入口装置采用标准图,则可按注明的标准图号查阅标准图。当有采暖入口详图时,可按图中所注详图编号查阅采暖入口详图。

(4)采暖系统图的识读。

①按热媒的流向确认采暖管道系统的形式及其连接情况,各管段的管径、坡度、坡向,水平管道和设备的标高以及立管编号等。采暖管道系统图完整表达了采暖系统的布置形式,清楚地表明了干管与立管以及立管、支管与散热器之间的连接方式。散热器支管有一定的坡度,其中,供水支管坡向散热器,回水支管则坡向回水立管。

②了解散热器的规格及数量。当采用柱形或翼形散热器时,要弄清散热器的规格与片数(以及带脚片数)。当为光滑管散热器时,要弄清其型号、管径、排数及长度。当采用其他采暖设备时,应弄清设备的构造和标高(底部或顶部)。

③注意查清其他附件与设备在管道系统中的位置、规格及尺寸,并与平面图和材料表等加以核对。

④查明采暖入口的设备、附件、仪表之间的关系,热媒来源、流向、坡向、标高、管径等。如有节点详图,则要查明详图编号,以便查阅。

3. 通风空调施工图识读

(1)看通风管道的平面图。

以某建筑的首层通风平面布置图作为图例进行说明,见图 1-12。

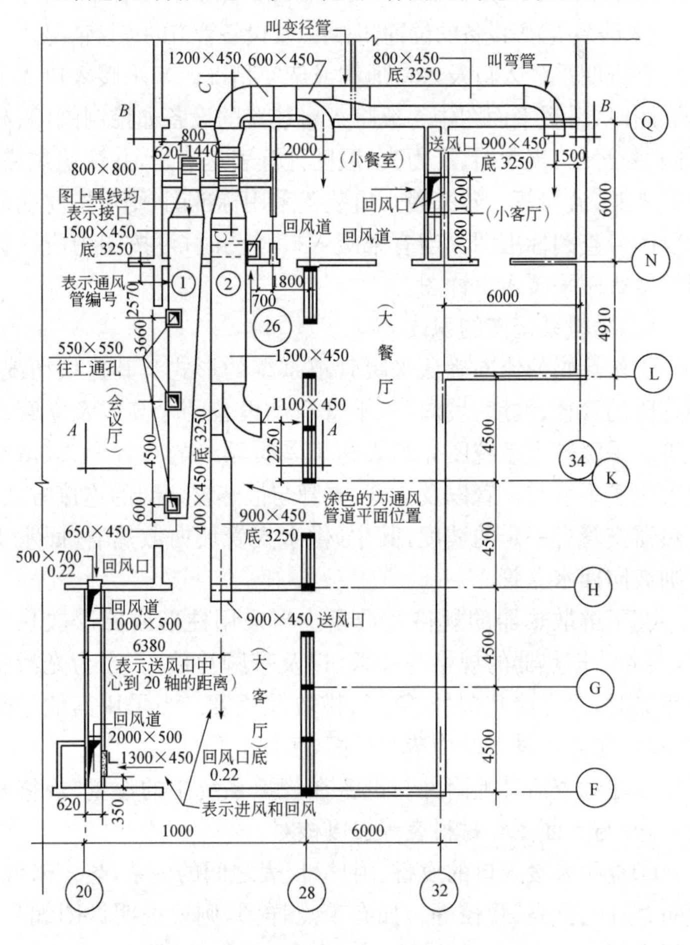

图 1-12 某宾馆通风管道局部平面图(单位:mm)

从图上看出这是两个通风管道系统，为了明显起见管道上都涂上深颜色。看图时必须想象出这根管子不是在室内底部的平面上面，而是在这个建筑物的空间的上部，一般吊在吊顶内。其中一根是专给会议厅送风的管道；另一根是分别给大餐厅、大客厅、小餐室、客厅四个房间送风的。图上用引出线标志出管道的断面尺寸，如 1000×450 即为管道宽 1m，高 45cm 的长方形断面。在引出线下部写的“底 3250”，意思是通风管底面离室内地坪的高为 3.25m。

图上还有风向进出的箭头，剖切线的剖切位置等。从平面图上我们仅能知道管道的平面位置，这还不能了解它的全貌，还需要看剖面图才能全面了解从而进行施工。

(2)看通风管的剖面图。

根据平面图的剖切线，可以绘成剖面图，看出管道在竖向的走向和与水平方向的连接。见图 1-13。

图为 $A-A$、$B-B$、$C-C$ 三个剖面、$A-A$ 剖面是剖切两根风管的南端，切口处均用孔洞图形表示，并写出断面尺寸，一个是 650×450，一个是 900×450，底面离地坪为 3.25m，还看到风管由首层竖向通到二层拐弯向会议厅送风，位置在会议厅的吊顶内。结合平面可以看出共三个拐弯管弯入二层向会议厅去，并标出送风口离地标高为 4.900m。$A-A$ 剖面上还可以看到地面部分有回风道的入口，图上还注明回风道，看土建图纸建 16，这时就要找出土建图结合一起看图。

$B-B$ 剖面是看到北端风管的空间位置，图上标出了风管的管底标高，几个送风口尺寸。

$C-C$ 剖面主要表示送风管的来源，风管的竖向位置，断面尺寸，与水平管连接采用的三通管，三通中的调节阀等。

通过平面图和剖面图结合看，就可以了解室内风管如何安

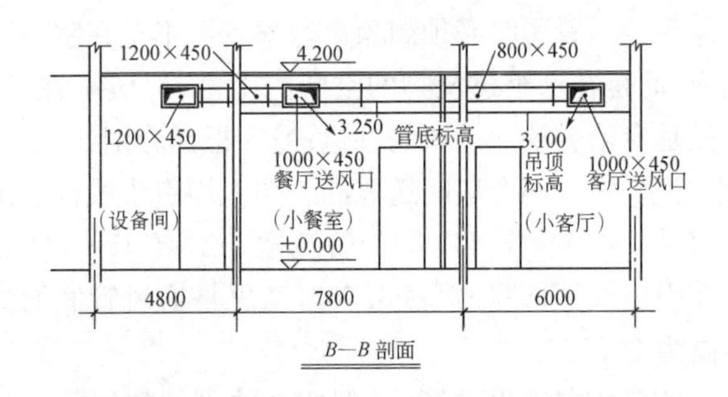

B—B 剖面

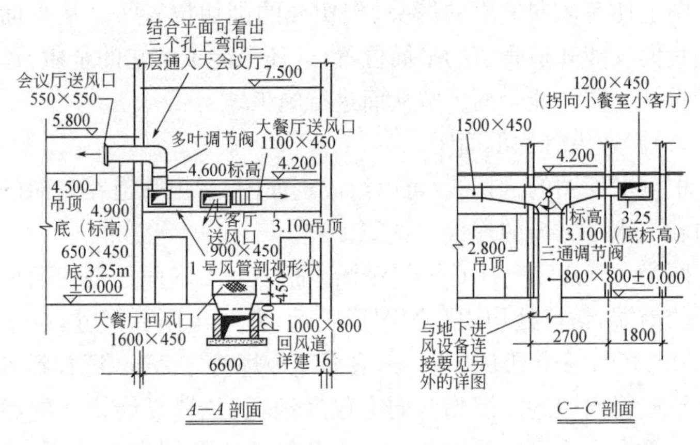

A—A 剖面　　C—C 剖面

图 1-13　通风管剖面图

装施工。在看图中还应根据施工规范了解到风管的吊挂应预埋在楼板下，这在看图时应考虑施工时的配合预埋。

(3)看通风施工的详图。

详图主要用于制作风管等，现介绍几个弯管、法兰的详图，作为对详图的了解，见图 1-14、图 1-15(a)(b)(c)(d)。

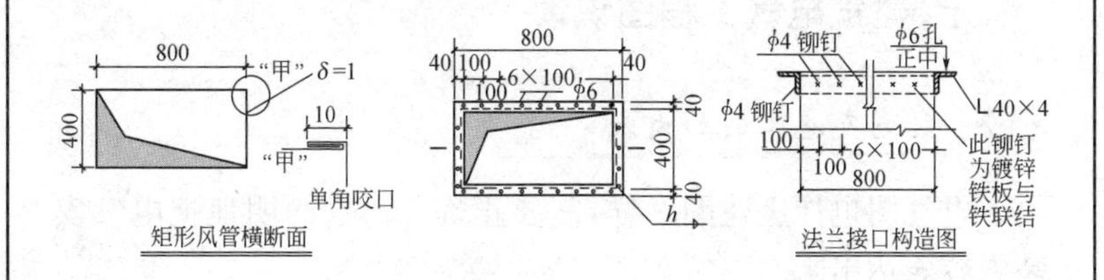

图 1-14　通风施工详图

（注：也有圆形通风管的）

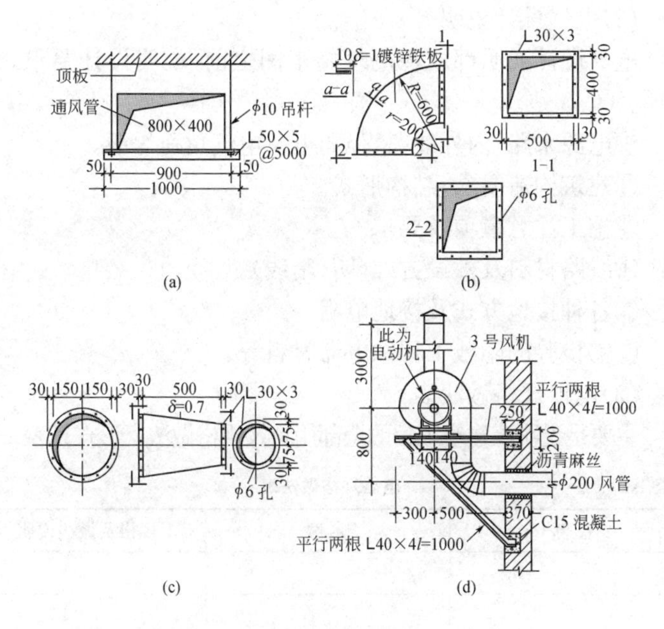

(a)　(b)

(c)　(d)

图 1-15　通风施工详图

(a)通风管吊挂剖面图；(b)矩形弯管图；

(c)变径管(俗称大小头)详图；(d)风机在外墙上安装图

七、建筑电气工程图识读

1. 电气施工图的内容

电气图也像土建图一样，需要正确、齐全、简明地把电气安装内容表达出来。

(1)目录。

一般与土建施工图同用一张目录表，表上注明电气图的名称、内容、编号顺序如电施－01、电施－02 等。

(2)电气设计说明。

电气设计说明都放在电气施工图之前，说明设计要求。如说明：

①电源来路，内外线路，强弱电及电气负荷等级。

②建筑构造要求，结构形式。

③施工注意事项及要求。

④线路材料及敷设方式(明、暗线)。

⑤各种接地方式及接地电阻。

⑥需检验的隐蔽工程和电器材料等。

(3)电器规格做法表。

主要是说明该建筑工程的全部用料及规格做法。形式见表 1-7。

表 1-7　电器规格做法表

图例	名称	规格及做法说明

(4)电气外线总平面图。

大多采用单独绘制,有的为节省图纸就在建筑总平面图上标志出电线走向、电杆位置,不单绘电气总平面图。如在旧有的建筑群中,原有电气外线均已具备,一般只在电气平面图上建筑物外界标出引入线位置,不必单独绘制外线总平面图。

(5)电气系统图。

主要是标志强电系统和弱电系统连接的示意图,从而了解建筑物内的配电情况。图上标志出配电系统导线型号、截面、采用管径以及设备容量等。

(6)电气施工平面图。

包括动力、照明、弱电、防雷等各类电气平面布置图。图上表明电源引入线位置,安装高度,电源方向;配电盘、接线盒位置;线路敷设方式、根数;各种设备的平面位置,电器容量、规格,安装方式和高度;开关位置等。

(7)电器大样图。

凡做法有特殊要求的,又无标准件的,图纸上就绘制大样图,注出详细尺寸,以便制作。

2. 电气施工图看图步骤

(1)先看图纸目录,初步了解图纸张数和内容,找出自己要看的电气图纸。

(2)看电气设计说明和规格表,了解设计意图及各种符号的意思。

(3)顺序看各种图纸,了解图纸内容,并将系统图和平面图结合起来,弄清意思,在看平面图时应按房间有次序地阅读,了解线路走向,设备装置(如灯具、插销、机械等)。掌握施工图的内容后,才能进行制作及安装。

3. 线型

(1)电路中主回路线用粗实线。

(2)事故照明线、直流配电线路、钢索或屏蔽线用虚线。

(3)控制及信号线用单点长画线。

(4)交流配电线路用中粗线。

(5)建筑物的轮廓线用细实线。

4. 文字符号

文字符号是电气施工图图示方法的一个特点,它用来表明系统中设备、装置、元件、部件及线路的名称、性能、作用、位置和安装方式等。

5. 识读室内电气施工图的一般方法

(1)应按阅读建筑电气工程图的一般顺序进行阅读。首先应阅读相对应的室内电气系统图,了解整个系统的基本组成,相互关系,做到心中有数。

(2)阅读设计说明。平面图常附有设计或施工说明,以表达图中无法表示或不易表示,但又与施工有关的问题。有时还给出设计所采用的非标准图形符号。了解这些内容对进一步读图是十分必要的。

(3)了解建筑物的基本情况,如房屋结构、房间分布与功能等。因电气管线敷设及设备安装与房屋的结构直接有关。

(4)熟悉电气设备、灯具等在建筑物内的分布及安装位置,同时要了解它们的型号、规格、性能、特点和对安装的技术要求。对于设备的性能、特点及安装技术要求,往往要通过阅读相关技术资料及施工验收规范来了解。

(5)了解各支路的负荷分配情况和连接情况。在了解了电气设备的分布之后，就要进一步明确它是属于哪条支路的负荷，从而弄清它们之间的连接关系，这是最重要的。一般从进线开始，经过配电箱后，一条支路一条支路地阅读。如果这个问题解决不好，就无法进行实际配线施工。

由于动力负荷多是三相负荷，所以主接线连接关系比较清楚。然而照明负荷都是单相负荷，而且照明灯具的控制方式多种多样，加上施工配线方式的不同，对相线、零线、保护线的连接各有要求，所以其连接关系较复杂。如相线必须经开关后再接灯座，而零线则可直接进灯座，保护线则直接与灯具金属外壳相连接。这样就会在灯具之间、灯具与开关之间出现导线根数的变化。其变化规律要通过熟悉照明基本线路和配线基本要求才能掌握。

(6)室内电气平面图是施工单位用来指导施工的依据，也是施工单位用来编制施工方案和编制工程预算的依据。而常用设备、灯具的具体安装图却很少给出，这只能通过阅读安装大样图(国家标准图)来解决。所以阅读平面图和阅读安装大样图应相互结合起来。

(7)室内电气平面图只表示设备和线路的平面位置而很少反映空间高度。但是我们在阅读平面图时，必须建立起空间概念。这对预算技术人员特别重要，可以防止在编制工程预算时，造成垂直敷设管线的漏算。

(8)相互对照、综合看图。为避免建筑电气设备及电气线路与其他建筑设备及管路在安装时发生位置冲突，在阅读室内电气平面图时要对照阅读其他建筑设备安装工程施工图，同时还要了解规范要求。

6. 室内电气照明工程系统图的识读

读懂系统图，对整个电气工程就有了一个总体的认识。

电气照明工程系统图是表明照明的供电方式、配电线路的分布和相互联系情况的示意图，图上标有进户线型号、芯数、截面积以及敷设方法和所需保护管的尺寸，总电表箱和分电表箱的型号和供电线路的编号、敷设方法、容量和管线的型号规格。

7. 室内电气照明工程平面图的识读

根据平面图标示的内容，识读平面图要沿着电源、引入线、配电箱、引出线、用电器具这样沿“线”来读。在识读过程中，要注意了解导线根数、敷设方式，灯具型号、数量、安装方式及高度，插座和开关安装方式、安装高度等内容。

八、工业厂房建筑施工图识读

1. 单层工业厂房平面图与基础图

(1)厂房平面图与基础图的作用。

主要是供测量放线、浇筑杯形柱基础垫层定位和厂房四周围护墙放线，安装厂房钢窗、铁门与生产设备，以及编制预算、备料、提加工订货等用。

(2)厂房平面图与基础图的基本内容。

①表明厂房的平面形状、布置与朝向。它包括厂房平面外形、内部布置、厂门位置、厂外散水宽度与厂内地面做法等。

②表明厂房各部平面尺寸。即用轴线和尺寸线标注各处的准确尺寸。横向和纵向外廓尺寸为三道，即总外廓尺寸、柱间距与跨度尺寸，以及门窗洞口尺寸。内部尺寸则主要标注墙厚、柱

子断面和内墙门窗洞口和预留洞口位置、大小、标高等。标注时应注意与轴线的关系。

③表明厂房的结构形式和主要建筑材料通过图例加以说明。

④表明厂房地面的相对标高与绝对高程。厂房外散水与道路的设计标高。基础底面与顶面的设计标高。

⑤反映水、电等对土建的要求如配电盘、消火栓等。

(3)读图要点与注意事项。

图1-16的右半部为××厂房的平面图，左半部为该厂房的基础图。识读中应注意以下几点：

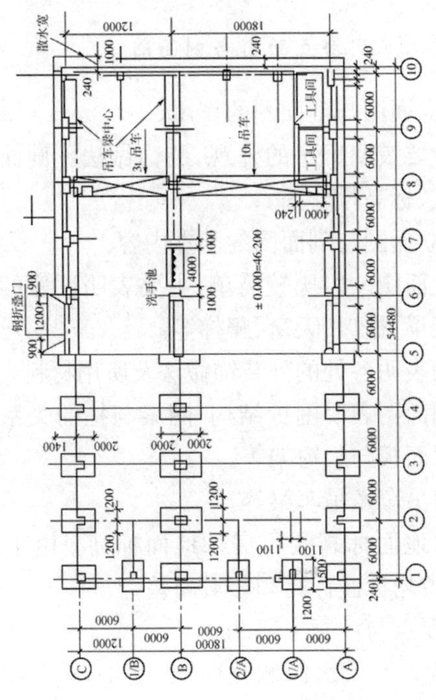

图1-16　××厂房的平面图

①以轴线为准，检查平面图与基础图的柱间距、跨度及相关尺寸是否对应。

②厂房内中间柱列⑥至⑦轴中有洗手池，12m 跨中有一台 5t 吊车，18m 跨中有一台 10t 吊车，厂房东南角有两间工具间。

③厂房内地面绝对高程为 46.200m，厂房柱基尺寸有三种，宽度均为 2.4m、但长度不同，四角柱基尺寸相同，但轴线位置不同。

④厂房外为 240mm 厚的围护结构，1m 宽的散水。

⑤厂房的柱间距与跨度的尺寸均较大，但厂房内也有尺寸较小的构件如爬梯等，看图时也应注意。

2. 单层工业厂房立面图与剖面图

(1)厂房立面图与剖面图的作用。

立面图主要表明厂房的外观、装饰做法。剖面图主要表明厂房结构型式、标高尺寸等。

(2)厂房立面图与剖面图的基本内容。

①厂房立面图一般比较简单，主要表明厂房的外形，散水、勒脚、门窗、圈梁、檐口、天窗、爬梯等。

②立面图表明各处的外装饰做法及所用材料。

③厂房剖面图表明围护结构、圈梁与柱的关系、梁板结构、位置，屋架、屋面板与天窗架等。

④厂房内吊车及吊车梁等。

⑤厂房内地面标高及厂房外地面标高。由于厂房多不分层，各结构部位均标注标高和相对高差。

(3)读图要点与注意事项。

图 1-17 为××厂房西侧立面图，图 1-18 为××厂房剖面图。阅读中应注意以下几点：

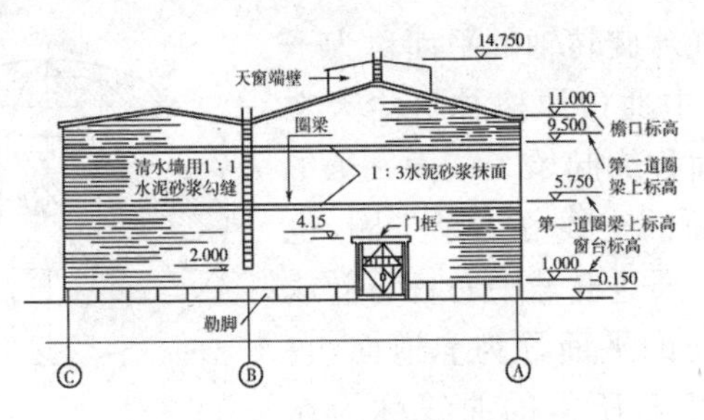

图1-17　××厂房西侧立面

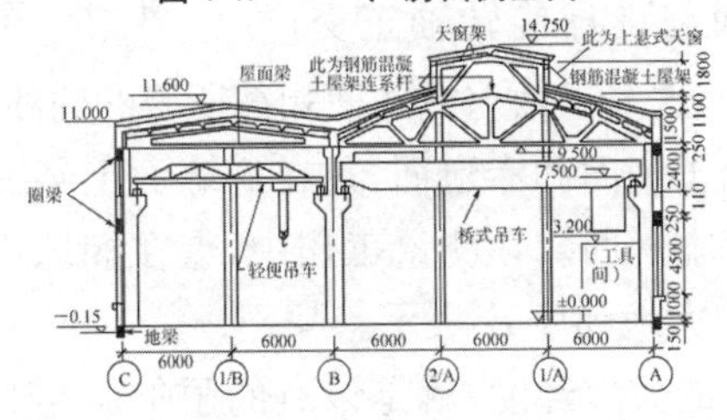

图1-18　××厂房剖面

①根据平面图中表明的剖切位置及剖视方向，校核剖面图表明的轴线编号、剖切到的部位及可见到的部位与剖切位置、剖切方向是否一致。

②校对跨度、尺寸、标高与平面图、立面图是否一致，通过核对尺寸、标高及材料做法，加深对厂房结构各处做法的全面了解。

③厂房内地面标高与厂房外地面标高与基础标高应相对应。

九、施工测量基本知识

1. 测量坐标系

(1)大地坐标系。

在图1-19中，NS为椭球的旋转轴，N表示北极，S表示南极。通过椭球旋转轴的平面称为子午面，而其中通过原格林尼治天文台的子午面称为起始子午面。子午面与椭球面的交线称为子午圈，也称子午线。通过椭球中心且与椭球旋转轴正交的平面称为赤道面，它与椭球面相截所得的曲线称为赤道。其他平面与椭球旋转轴正交，

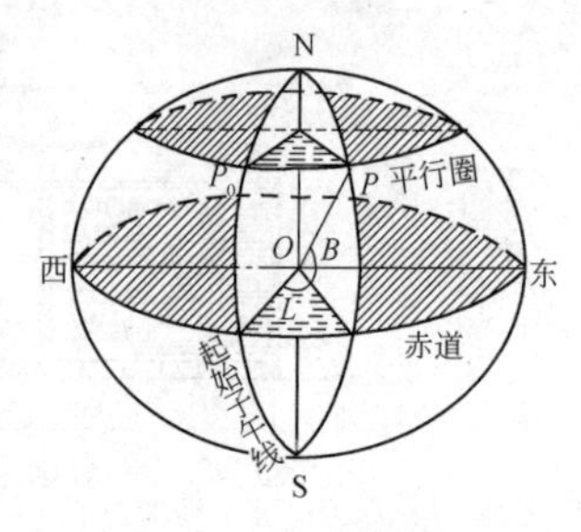

图 1-19　大地坐标系

但不通过球心，这些平面与椭球面相截所得的曲线，称为平行圈或纬圈。起始子午面和赤道面，是在椭球面上某一确定点投影位置的两个基本平面。在测量工作中，点在椭球面上的位置用大地经度 L 和大地纬度 B 表示。

所谓某点的大地经度，就是该点的子午面与起始子午面所夹的二面角；大地纬度就是通过该点的法线（与椭球面相垂直的线）与赤道面的交角。大地经度 L 和大地纬度 B，统称为大地坐标。大地经度与大地纬度以法线为依据，也就是说，大地坐标以参考椭球面作为基准面。

由于 P 点的位置通常是在该点上安置仪器并用天文测量的方法来测定的。这时，仪器的竖轴必然与铅垂线相重合，即仪器的竖轴与该处的大地水准面相垂直。因此，用天文观测所得的数据以铅垂线为准，也就是说以大地水准面为依据。这种由天文测量求得的某点位置，可用天文经度 λ 和天文纬度 ϕ 表示。

不论是大地经度 L 还是天文经度 λ，都要从起始子午面算起。在格林尼治以东的点从起始子午面向东计，由 0°到 180°称为东经；同样，在格林尼治以西的点则从起始子午面向西计，由 0°到 180°称为西经，实地上东经 180°与西经 180°是同一个子午面。我国各地的经度都是东经。不论大地纬度 B 还是天文纬

度 ϕ 都从赤道面起算，在赤道以北的点的纬度由赤道面向北计，由 0°到 90°，称为北纬，在赤道以南的点，其纬度由赤道面向南计，也是由 0°到 90°，称为南纬。我国疆域全部在赤道以北，各地的纬度都是北纬。

在测量工作中，某点的投影位置一般用大地坐标 L 及 B 来表示。但实际进行观测时，如量距或测角都是以铅垂线为准的，因而所测得的数据若要求精确地换算成大地坐标则必须经过改化。在普通测量工作中，由于要求的精确程度不是很高，所以可以不考虑这种改化。

(2)平面直角坐标系。

在小区域内进行测量工作，若采用大地坐标来表示地面点位置是不方便的，通常是采用平面直角坐标。某点用大地坐标表示的位置，是该点在球面上的投影位置。研究大范围地面形状和大小时，必须把投影面作为球面，由于在球面上求解点与点间的相对位置关系是比较复杂的问题，测量上，计算和绘图最好在平面上进行。所以，在研究小范围地面形状和大小时，常把球面的投影面当作平面看待。也就是说测量区域较小时，可以用水平面代替球面作为投影面。这样就可以采用平面直角坐标来表示地面点在投影面上的位置。测量工作中所用的平面直角坐标系与数学中的直角坐标系基本相同，只是坐标轴互换，象限顺序相反。测量工作以 x 轴为纵轴，一般用它表示南北方向，以 y 轴为横轴，表示东西方向，见图 1-20，这是由于在测量工作中坐标系中的角通常是指以北方为准按顺时针方向到某条边的夹角，而三角学中三角函数的角则是从横轴按逆时针计的缘故。把 x 轴与 y 轴纵横互换后，全部三角公式都同样能在测量计算中应用。测量上用的平面直角坐标的原点有时是假设的。一般可以把坐标原点 O 假设在测区西南以外，使测区内各点坐标均为正值，以便于计算应用。

(3)高斯平面坐标系。

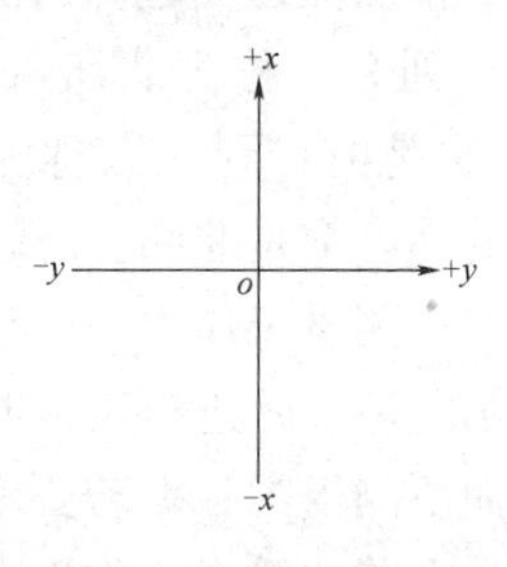

图 1-20 平面直角坐标系

当测区范围较小，把地球表面的一部分当作平面看待，所测得地面点的位置或一系列点所构成的图形，可直接用相似而缩小的方法描绘到平面上去。但如果测区范围较大，由于存在较大的差异，就不能用水平面代替球面。而作为大地坐标投影面的旋转椭球面，又是一个"不可展"的曲面，不能简单地展成平面。这样，就不能把地球很大一块地表面当作平面看待，必须将旋转椭球面上的点位换算到平面上，测量上称为地图投影。投影方法有多种，投影中可能存在角度、距离和面积三种变形，因此必须采用适当的投影方法来解决这个问题。测量工作中，通常采用的是保证角度不变形的高斯投影方法。

为简单计，把地球作为一个圆球看待，设想把一个平面卷成一个横圆柱，把它套在圆球外面，使横圆柱的轴心通过圆球的中心，把圆球面上一根子午线与横圆柱相切，即这条子午线与横圆柱重合，通常称它为"中央子午线"或称"轴子午线"。因为这种投影方法把地球分成若干范围不大的带进行投影，带的宽度一般分为经差 6°、3°和 1.5°等几种，简称为 6°带、3°带和 1.5°带。6°带是这样划分的，它是从 0°子午线算起，以经度每差 6°为一带，此带中间的一条子午线，就是此带的中央子午线或称轴子午线。以东半球来说，第一个 6°投影带的中央子午线是东经 3°，第二带的中央子午线是东经 9°，依此类推。对于 3°投影带来说，它是从东经 1°30′开始每隔 3°为一个投影带，其第一带的中央子午线是东经 3°，而第二带的中央子午线是东经 6°，依此类推。图 1-21 表示两种投影的分带情况。中央子午线投影到横圆

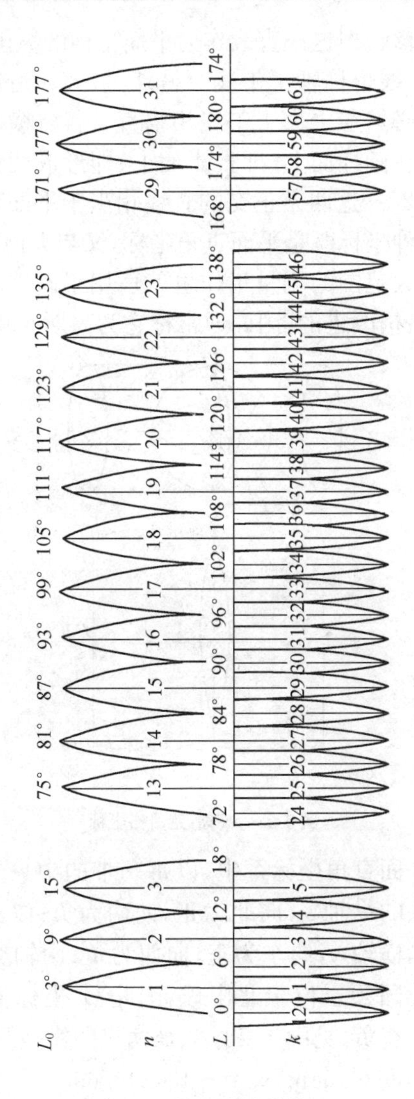

图 1-21　两种投影的分带情况图

柱上是一条直线,把这条直线作为平面坐标的纵坐标轴即 x 轴。所以中央子午线也称轴子午线。另外,扩大赤道面与横圆柱相交,这条交线必然与中央子午线相垂直。若将横圆柱沿母线切开并展平后,在圆柱面上(即投影面上)即形成两条互成正交的直线,见图 1-22。这两条正交的直线相当于平面直角坐标系的纵横轴,故这种坐标既是平面直角坐标,又与大地坐标的经纬度发生联系,对大范围的测量工作也就适用了。这种方法由高斯创意并经克吕格改进的,因而通常称它为高斯－克吕格坐标。

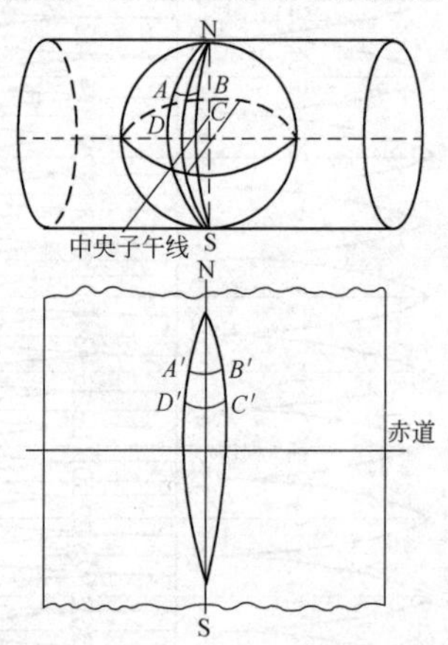

图 1-22 高斯-克吕格坐标

在高斯平面直角坐标系中,以每一带的中央子午线的投影为直角坐标系的纵轴 x,向北为正,向南为负;以赤道的投影为直角坐标系的横轴 y,向东为正,向西为负;两轴交点 O 为坐标原点。由于我国领土位于北半球,因此,x 坐标值均为正值,y 坐标可能有正有负,见图 1-23,A、B 两点的横坐标值分别为

$y_A = +148680.54\text{m}$, $y_B = -134240.69\text{m}$

为了避免出现负值,将每一带的坐标原点向西平移 500km,

即将横坐标值加500km,则A、B两点的横坐标值为

$$y_A = 500000 + 148680.54 = 648680.54\text{m}$$

$$y_B = 500000 - 134240.69 = 365759.31\text{m}$$

为了根据横坐标值能确定某一点位于哪一个6°(或3°)投影带内,再在横坐标前加注带号,例如,如果A点位于第21°带,则其横坐标值为

$$y_A = 21648680.54\text{m}$$

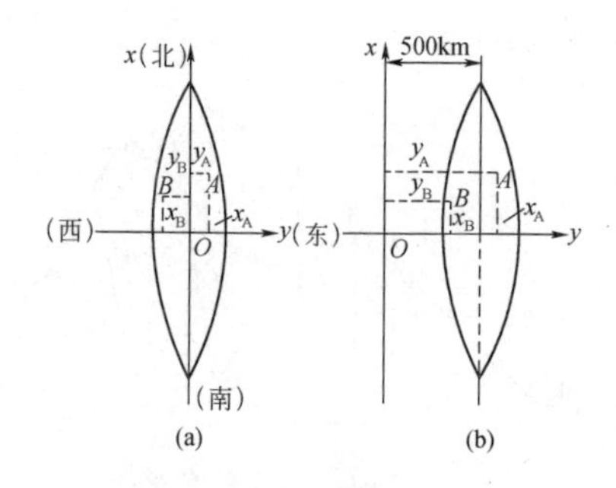

图1-23　坐标值的确定

(4)空间直角坐标系。

由于卫星大地测量日益发展,空间直角坐标系也被广泛采用,特别是在GPS测量中必不可少。它是用空间三维坐标来表示空间一点的位置的,这种坐标系的原点设在椭球的中心o,三维坐标用x、y、z三者表示,故亦称地心坐标。它与大地坐标有一定的换算关系。随着GPS测量的普及使用,目前,空间直角坐标已逐渐被军事及国民经济各部门采用,作为实用坐标。

2. 确定地面点

(1)高程。

地面点到大地水准面的距离,称为绝对高程,又称海拔,简称高程。在图1-24中的A、B两点的绝对高程为H_A、H_B。由

于受海潮、风浪等的影响，海水面的高低时刻在变化着，我国在青岛设立验潮站，进行长期观测，取黄海平均海水面作为高程基准面，建立 1956 年黄海高程系。其中，青岛国家水准原点的高程为 72.289m。该高程系统自 1987 年废止，并且启用了 1985 年国家高程基准，其中原点高程为 72.260m。全国布置的国家高程控制点——水准点，都是以这个水准原点为起算的。在实际工作中使用测量资料时，一定要注意新旧高程系统的差别，注意新旧系统中资料的换算。

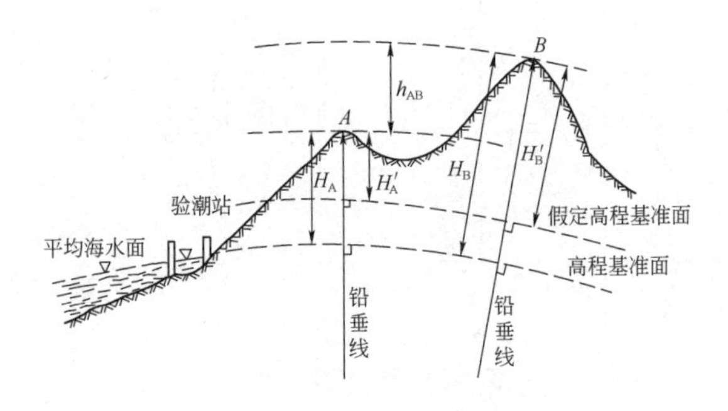

图 1-24　地面点的高程示意图

在局部地区或某项建设工程远离已知高程的国家水准点，可以假设任意一个高程基准面为高程的起算基准面：指定工地某个固定点并假设其高程，该工程中的高程均以这个固定点为准，即所测得的各点高程都是以同一任意水准面为准的假设高程(也称相对高程)。将来如有需要，只需与国家高程控制点联测，再经换算成绝对高程就可以了。地面上两点高程之差称为高差，一般用 h 表示。不论是绝对高程还是相对高程，其高差均相同。

测量工作的基本任务是确定地面点的空间位置，确定地面点空间位置需要三个量，即确定地面点在球面上或平面上的投影位置(即地面点的坐标)和地面点到大地水准面的铅垂距离(即地面点的高程)。

(2)绝对高程(H)。

地面上一点到大地水准面的铅垂距离。见图 1-25,A 点、B 点的绝对高程分别为 $H_A=44$m、$H_B=78$m。

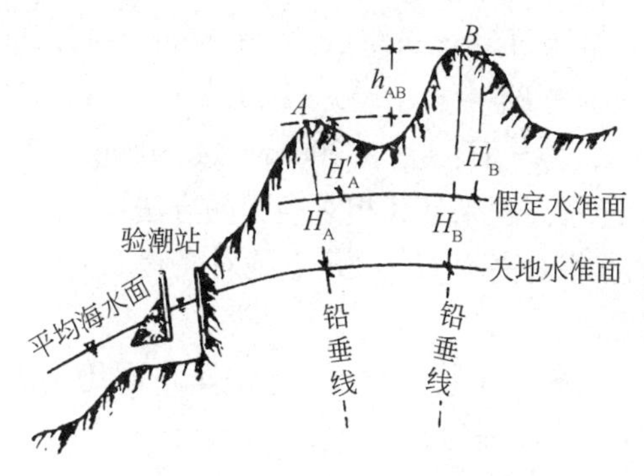

图 1-25　绝对高程与相对高程

(3)相对高程(H')。

相对高程(H')是地面上一点到假定水准面的铅垂距离。见图 1-26,A 点、B 点的相对高程为 $H'_A=24$m、$H'_B=58$m。

在建筑工程中,为了对建筑物整体高程定位,均在总图上标明建筑物首层地面的设计绝对高程。此外,为了方便施工,在各种施工图中多采用相对高程。一般将建筑物首层地面定为假定水准面,其相对高程为±0.000。假定水准面以上高程为正值;假定水准面以下高程为负值。例如:某建筑首层地面相对高程 $H'_0=\pm 0.000$(绝对高程 $H_0=44.800$m),室外散水相对高程为 $H'_{散}=-0.600$m,室外热力管沟底的相对高程 $H'_{沟}=-1.700$m,二层地面相对高程为 $H'_{二层}=+2.900$m。

①已知相对高程来计算绝对高程的方法:

则　P 点绝对高程 H_P＝P 点相对高程 H'_P＋(±0.000 的绝对高程)H_0

如上题中某建筑物的相对标高：室外散水 $H'_{散}$＝－0.600m、室外热力管沟底 $H'_{沟}$＝－1.700m 与二层地面 $H'_{二层}$＝＋2.900m，其绝对高程(H)分别为：

$H_{散}=H'_{散}+H_0=-0.600m+44.800m=44.200m$

$H_{沟}=H'_{沟}+H_0=-1.700m+44.800m=43.100m$

$H_{二层}=H'_{二层}+H_0=+2.900m+44.800m=47.700m$

②已知绝对高程来计算相对高程的方法：

则　P 点相对高程 H'_P＝P 点绝对高程 H_P－(±0.000)的绝对高程 H_0

如计算上述某建筑外 25.000m 处路面绝对高程 $H_{路}$＝43.700m，其相对高程为：

$H'_{路}=H_{路}-H_0=43.700m-44.800m=-1.100m$

(4)高差(h)。

两点间的调和差。若地面上 A 点与 B 点的高程 H_A＝44m(H'_A＝24m)与 H_B＝78m(H'_B＝58m)均已知，则 B 点对 A 点的高差

$h_{AB}=H_B-H_A=78m-44m=34m$

$=H'_B-H'_A=58m-24m=34m$

h_{AB}的符号为正时，表示 B 点高于 A 点；符号为负时，表示 B 点低于 A 点。

(5)坡度(i)。

一条直线或一个平面的倾斜程度，一般用 i 表示。水平线或水平面的坡度等于零(i=0)，向上倾斜叫升坡(＋)、向下倾斜叫降坡(－)。在建筑工程中如屋面、厕浴间、阳台地面、室外散水等均需要有一定的坡度以便排水。在市政工程中如各种地下

管线，尤其是一些无压管线（如雨水和污水管道）均要有一定坡度，各种道路在中线方向要有纵向坡度，在垂直中线方向上还要有横向坡度，各种广场与农田均要有不同方向的坡度，以便排水与灌溉。

见图 1-26，AB 两点间的高差 h_{AB} 比 AB 两点间的水平距离 D_{AB} 即为坡度，亦即 AB 斜线倾斜角(θ)的正切($\tan\theta$)，一般用百分比(%)或千分比(‰)表示：

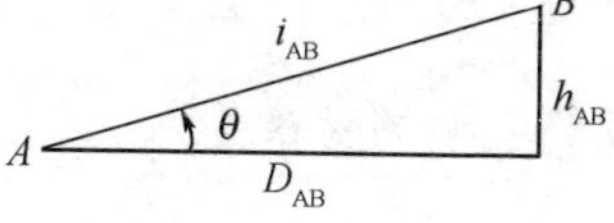

图 1-26　高差与坡度

$$i_{AB}=\tan\theta=\frac{H_B-H_A}{D_{AB}}=\frac{h_{AB}}{D_{AB}}$$

3. 距离测量

根据不同的精度要求，距离测量有普通量距和精密量距两种方法。精密量距时所量长度一般都要加尺长、温度和高差三项改正数，有时必须考虑垂曲改正。丈量两已知点间的距离，使用的主要工具是钢卷尺，精度要求较低的量距工作，也可使用皮尺或测绳。

(1)普通量距。

先用经纬仪或以目估进行定线。如地面平坦，可按整尺长度逐步丈量，直至最后量出两点间的距离。若地面起伏不平，可将尺子悬空并目估使其水平。以垂球或测钎对准地面点或向地面投点，测出其距离。地面坡度较大时，则可把一整尺段的距离分成几段丈量；也可沿斜坡丈量斜距，再用水准仪测出尺端间的高差，然后求出高差改正数，将倾斜距离改化成水平距离。

(2)精密量距。

用经纬仪进行直线方向按尺段（即钢尺检定时的整长）丈量

距离。当全段距离量完之后按同法进行返测，往返丈量一次为一测回，一般应测量二测回以上。量距精度以两测回的差数与距离之比表示。使用普通钢尺进行精密量距，其相对误差一般可达 1/50000 以上。

4. 测量误差

(1)测量误差基本概念。

测量工作是由人在一定的环境和条件下，使用测量仪器设备以及测量工具，按一定的测量方法进行的，其测量的成果自然要受到人、仪器设备、作业环境以及测量方法的影响。在测量过程中，不论人的操作多么仔细、仪器设备多么精密、测量方法多么周密，总会受到其自身的具体条件限制，同时其作业环境也会发生一些无法避免的变化。所以，测量成果总会存在差异，也就是说，测量成果中总会存在着测量误差。比如，对某一段距离往返测量若干次，或对某一角度正倒镜反复进行观测，每次测量的结果往往不一致，这都说明测量误差的存在。但应注意，测量误差与发生粗差(错误)是性质不同的，粗差的出现是由于操作错误或粗心大意造成的，它的大小往往超出正常的测量误差的范围，它又是可以避免的。测量理论上研究的测量误差不包括粗差。

(2)测量误差产生的原因。

测量误差产生的原因一般有以下几个方面。

①人的因素。由于人的感觉器官的鉴别能力是有限的，受此限制，人在安置仪器、照准目标及读数等几方面产生测量误差。

②仪器设备及工具的因素。由于仪器制造和校正不可能十分完善，允许有一定的误差范围，使用仪器设备及工具进行测

量，会产生正常的测量误差。

③外界条件的因素。在测量过程中，由于外界条件（如温度、湿度、风力、气压、光线等）不断发生变化，也会对测量值带来测量误差。

根据以上情况，可以说明测量误差的产生是不可避免的，任何一个观测值都会包含有测量误差。因此测量工作不仅要得到观测成果，而且还要研究测量成果所具有的精度，测量成果的精度是由测量误差的大小来衡量的。测量误差越大，反映出测量精度越低；反之，误差越小，精度越高。所以，在测量工作中，必须对测量误差进行研究，对不同的误差采取不同的措施，最终达到消除或减少误差对测量成果的影响，提高和保证测量成果的精度。

(3)测量误差的分类。

测量误差按其性质可分为系统误差和偶然误差两类。

①系统误差。在相同的观测条件下，对某量进行一系列的观测，如果测量误差的数值大小和符号保持相同，或按一定规律变化，这种误差称为系统误差。产生系统误差的主要原因是测量仪器和工具的构造不完善或校正不完全准确。例如，一条钢尺名义长度为30m，与标准长度比较，其实际长度为29.995m。用此钢尺进行量距时，每量一整尺，就会比实际长度长出0.005m，这个误差的大小和符号是固定的，就是属于系统误差。

系统误差具有积累性，对测量的成果精度影响很大，但由于它的数值的大小和符号有一定的规律，所以，它可以通过计算改正或用一定的观测程序和观测方法进行消除。例如，在用钢尺量距时，可以先通过计算改正进行钢尺检定，求出钢尺的尺长改正数，然后再在计算时对所量的距离进行尺长改正，消除尺长误差的影响。

②偶然误差。在相同的观测条件下,对某量进行一系列的观测,如果观测误差的数值的大小和符号都不一定相同,从表面上看没有什么规律性,但就大量误差的总体而言,又具有一定的统计规律性。这种误差称为偶然误差。例如,使用测距仪测量一条边时,其每一次测量结果往往会因为温度气压变化以及仪器本身测距精度影响而出现差异,这个差值大小和符号不同,但大量统计差值又会发现此差值不会超出一个较小的范围。而且相对于其平均值而言,其正负差值出现的次数接近相等,这个误差就是偶然误差。

偶然误差的产生,是由人、仪器和外界条件等多方面因素引起的,它随着各种偶然因素综合影响而不断变化。对于这些在不断变化的条件下所产生的大小不等、符号不同但又不可避免的小的误差,找不到一个能完全消除它的方法。因此可以说,在一切测量结果中都不可避免地包含有偶然误差。一般来说,测量过程中,偶然误差和系统误差同时发生,而系统误差在一般情况下可以也必须采取适当的方法加以消除或减弱,使其减弱到与偶然误差相比处于次要的地位。这样就可以认为,在观测成果中主要存在偶然误差。我们在测量学科中所讨论的测量误差一般就是指偶然误差。

偶然误差从表面上看没有什么规律,但就大量误差的总体来讲,则具有一定的统计规律,并且观测值数量越大,其规律性就越明显。人们通过反复实践,统计和研究了大量的各种观测的结果,总结出偶然误差具有以下的特性。

a. 在一定的观测条件下,偶然误差的绝对值不会超过一定的范围。

b. 绝对值小的误差比绝对值大的误差出现的机会多。

c. 绝对值相等的正误差和负误差出现的机会相等。

d.偶然误差的算术平均值随着观测次数的无限增加而趋于零,即

$$\lim_{n\to\infty}\frac{[\Delta]}{n}=0 \tag{1-1}$$

式中:n 为观测次数;$[\Delta]=\Delta_1+\Delta_2+\cdots+\Delta_n$;$\Delta_i$ 表示第 i 次观测的偶然误差。

根据偶然误差的特性可知,当对某量有足够多的观测次数时,其正的误差和负的误差可以互相抵消。因此,我们可以采用多次观测,最后计算取观测结果的算术平均值作为最终观测结果。

(4)衡量误差的标准。

①标准差与中误差。设对某真值 l 进行了 n 次等精度独立观测,得观测值 l_1、l_2、…、l_n,各观测量的真误差为 Δ_1、Δ_2、…、Δ_n $(\Delta_i=l_i-l)$,可以求得该组观测值的标准差为

$$\sigma=\pm\lim_{n\to\infty}\sqrt{\frac{[\Delta\Delta]}{n}} \tag{1-2}$$

在测量生产实践中,观测次数 n 总是有限的,这时,根据式(1-2)只能求出标准差的估计值 $\hat{\sigma}$,通常又称 $\hat{\sigma}$ 为中误差,用 m 表示,即有

$$\hat{\sigma}=m=\pm\sqrt{\frac{[\Delta\Delta]}{n}} \tag{1-3}$$

【例 1-1】某段距离使用因瓦基线尺丈量的长度为49.984m。因丈量的精度很高,可以视为真值。现使用 50m 钢尺丈量该距离 6 次,观测值列于表 1-8 中,试求该钢尺一次丈量 50m 的中误差。

因为是等精度独立观测,所以 6 次距离观测值的中误差均为±5.02mm。

表 1-8　观测值

观测次序	观测值(m)	Δ(mm)	ΔΔ	计算
1	49.988	+4	16	
2	49.975	−9	81	
3	49.981	−3	9	$m=\pm\sqrt{\frac{[\Delta\Delta]}{n}}$
4	49.978	−6	36	$=\pm\sqrt{\frac{151}{6}}$
5	49.987	+3	9	
6	49.984	0	0	$=\pm5.02\text{mm}$
Σ			151	

②相对误差。

相对误差是专为距离测量定义的精度指标，因为单纯用距离丈量中误差还不能反映距离丈量的精度情况。例如，在【例1-1】中，用 50m 钢尺丈量一段约 50m 的距离，其测量中误差为±5.02mm。如果使用另一种量距工具丈量100m的距离，其测量中误差仍然等于±5.02mm，显然不能认为这两段不同长度的距离丈量精度相等，这就需要引入相对误差。相对误差的定义为

$$K=\frac{|m_D|}{D}=\frac{1}{\frac{D}{|m_D|}} \tag{1-4}$$

相对误差是一个无单位的数，在计算距离的相对误差时，应注意将分子和分母的长度单位统一。通常，习惯于将相对误差的分子化为 1，分母为一个较大的数来表示。分母越大，相对误差越小，距离测量的精度就越高。依据式(1-4)，可以求得上述所述两段距离的相对误差分别为

$$K_1=\frac{0.00502}{49.982}\approx\frac{1}{9956}$$

$$K_2=\frac{0.00502}{100}\approx\frac{1}{19920}$$

结果表明，后者的精度比前者的高。距离测量中，常用同一段距离往返测量结果的相对误差来检核距离测量的内部符合精度，计算公式为

$$\frac{|D_{往}-D_{返}|}{D_{平均}}=\frac{|\Delta D|}{D_{平均}}=\frac{1}{\frac{D_{平均}}{|\Delta D|}} \tag{1-5}$$

③极限误差。

极限误差是通过概率论中某一事件发生的概率来定义的。设 ξ 为任一正实数，则事件 $|\Delta|<\xi$ 发生的概率为

$$P(|\Delta|<\xi\sigma)=\int_{-\xi\sigma}^{+\xi\sigma}\frac{1}{\sqrt{2\pi}\sigma}e^{-\frac{\Delta^2}{2\sigma^2}}d\Delta \tag{1-6}$$

令 $\Delta'=\frac{\Delta}{\sigma}$，则式(1-6)变成

$$P(|\Delta'|<\xi)=\int_{-\xi}^{+\xi}\frac{1}{\sqrt{2\pi}}e^{-\frac{\Delta^2}{2}}d\Delta' \tag{1-7}$$

因此，则事件 $|\Delta|=\xi\sigma$ 发生的概率为 $1-P(|\Delta|<\xi)$。

下面的 f_x－5800P 程序 P6-3 能自动计算 $1-P(|\Delta|<\xi)$ 的值。

程序名：P6-3

```
Fix3 ↵                                          设置固定小数显示格式位数
Lbl 0:"LOWER="? A:UPPER="? B ↵                  输入标准正态分布函数积分的上、下限
1−∫(1÷√(2π)×e^(−X²÷2),A,B)→Q ↵                 计算标准正态分布函数的数值积分
"1−P(%)=":100Q ◢                                显示计算结果
```

Goto 0

运行程序 P6-3，输入 LOWER＝－1，UPPER＝1，计算结果为 $1-P(|\Delta'|<1)=31.73\%$；按EXE键继续，输入 LOWER＝－2，UPPER＝2，计算结果为 $1-P(|\Delta'|<2)=4.55\%$；按EXE键继续，输入 LOWER＝－3，UPPER＝3，计算结果为 $1-P(|\Delta'|<3)=0.27\%$。

上述计算结果表明，真误差的绝对值大于 1 倍 σ 的占 31.73%；真误差的绝对值大于 2 倍 σ 的占 4.55%，即 100 个真误差中，只有 4.55 个真误差的绝对值可能超过 2σ；而大于 3 倍 σ 的仅仅占 0.27%，也即 1000 个真误差中，只有 2.7 个真误差的绝对值可能超过 3σ。后两者都属于小概率事件，根据概率原理，小概率事件在小样本中是不会发生的，也即当观测次数有限时，绝对值大于 2σ 或 3σ 的真误差实际上是不可能出现的。因此测量规范常以 2σ 或 3σ 作为真误差的允许值，该允许值称为极限误差，简称为限差。

$$|\Delta_{容}|=2\sigma\approx 2m \text{ 或 } |\Delta_{容}|=3\sigma\approx 3m$$

当某观测值的误差大于上述限差时，则认为它含有系统误差，应剔除它。

(4)误差传播定律。

在实际测量工作中，某些我们需要的量并不是直接观测值，而是通过其他观测值间接求得的，这些量称为间接观测值。各变量的观测值中误差与其函数的中误差之间的关系式，称为误差传播定律。一般函数的误差传播定律为：一般函数中误差的平方，等于该函数对每个观测值取偏导数与其对应观测值中误差乘积的平方之和。利用它，就可以导出见表 1-9 的简单函数的误差传播定律。

表1-9　简单函数的误差传播定律

函数名称	函数式	中误差传播公式
倍数函数	$Z=KX$	$m_Z=\pm Km$
和差函数	$Z=X_1\pm X_2\pm\cdots\pm X_n$	$m_Z=\pm\sqrt{m_1^2+m_2^2+\cdots+m_n^2}$
线性函数	$Z=K_1X_1\pm K_2X_2\pm\cdots\pm K_nX_n$	$m_Z=\pm\sqrt{K_1^2m_1^2+K_1^2m_2^2+\cdots+K_1^2m_n^2}$

注：m_Z 表示函数中误差，m_1、m_2、…、m_n 分别表示各观测值的中误差。

误差传播定律在测绘领域应用十分广泛，利用它不仅可以求得观测值函数的中误差，而且还可以确定容许误差值以及分析观测可能达到的精度。测量规范中误差指标的确定，一般也是根据误差来源分析和使用误差传播定律推导而来的。

(5)算术平均值及其中的误差。

①算术平均值。设在相同的观测条件下，对任一未知量进行了 n 次观测，得观测值 L_1、L_2、…、L_n，则该量的最可靠值就是算术平均值 x，即

$$x=\frac{[L]}{n} \tag{1-8}$$

算术平均值就是最可靠值的原理。根据观测值真误差的计算式和偶然误差的特性，可以分析得出

$$X=\lim_{n\to\infty}\frac{[L]}{n}\quad 即\quad \lim_{n\to\infty}x=X \tag{1-9}$$

式中　X——该量的真值。

从上式可见，当观测次数 n 趋于无限多时，算术平均值就是该量的真值。但实际工作中，观测次数总是有限的，这样算术平均值不等于真值。但它与所有观测值比较，都更接近于真值。因此，可认为算术平均值是该量的最可靠值，故又称为最或然值。

②用观测值的改正数计算中误差。前面已经给出了用真误差求一次观测值中误差的公式，但测量的真误差只有在真值为已知时才能确定，而未知量的真值往往是不知道的，因此无法用其来衡量观测值的精度。因此，在实际工作中，是用算术平均值与观测值之差，即观测值的改正数或最或然误差来计算出中误差的。根据改正数和真误差的关系以及中误差的定义和偶然误差的特性。可以推导出利用观测值的改正数计算中误差的公式为

$$m=\pm\sqrt{\frac{[vv]}{n-1}} \tag{1-10}$$

式中：m——观测值中误差；

v——观测值的改正数；

n——观测次数。

③算术平均值的中误差。根据上述用改正数计算中误差的公式和误差传播定律，可以推算出算术平均值的中误差计算公式为

$$M=\frac{m}{\sqrt{n}}=\sqrt{\frac{[vv]}{n(n-1)}} \tag{1-11}$$

式中：M——算术平均值中误差；

m——观测值中误差；

v——观测值的改正数；

n——观测次数。

算术平均值及其中误差，是根据观测值误差以及中误差的基本概念和误差传播定律推算而来的，它在测量实际工作中应用十分广泛，在实际工作中对同一观测对象进行多次观测以提高观测值精度，这是人们已经习惯地应用这一概念的体现。

(6)等精度直接观测值的最可靠值。

设对某未知量进行了一组等精度观测，其真值为 X，观测值分别为 l_1、l_2、…、l_n，相应的真误差为 Δ_1、Δ_2、…、Δ_n，则

$$\begin{cases} \Delta_1 = l_1 - X \\ \Delta_2 = l_2 - X \\ \cdots\cdots \\ \Delta_n = l_n - X \end{cases}$$

将上式取和再除以观测闪数 n，得

$$\frac{[\Delta]}{n} = \frac{[l]}{n} - X = L - X$$

式中 L 为算术平均值。

显然

$$L = \frac{[l]}{n} = \frac{[\Delta]}{n} + X$$

则有

$$\begin{aligned} \lim_{n \to \infty} L &= \lim_{n \to \infty}\left(\frac{[\Delta]}{n} + X\right) \\ &= \lim_{n \to \infty}\frac{[\Delta]}{n} + X \end{aligned}$$

根据偶然误差的第四个特性，有

$$\lim_{n \to \infty}\frac{[\Delta]}{n} = 0$$

则

$$\lim_{n \to \infty} L = X$$

从上式可以看出，当观测次数 n 趋于无穷大时，算术平均值

就趋向于未知量的真值。当 n 为有限值时，通常取算术平均值为最可靠值，作为未知量的最后结果。

根据式计算中误差 m，需要知道观测值 l_i 的真误差 Δ_i，但是，真误差往往是不知道的。在实际应用中，多利用观测值的改正数 v_i 来计算中误差。由 v_i 及 Δ_i 的定义知

$$\begin{cases} v_1 = L - l_1 \\ v_2 = L - l_2 \\ \cdots\cdots \\ v_n = L - l_n \end{cases}$$

$$\begin{cases} \Delta_1 = l_1 - X \\ \Delta_2 = l_2 - X \\ \cdots\cdots \\ \Delta_n = l_n - X \end{cases}$$

上两组式对应相加

$$\begin{cases} \Delta_1 + v_1 = L - X \\ \Delta_2 + v_2 = L - X \\ \cdots\cdots \\ \Delta_n + v_n = L - X \end{cases}$$

设 $L - X = \delta$，代入上式，并移项后得

$$\begin{cases}\Delta_1 = -v_1 + \delta \\ \Delta_2 = -v_2 + \delta \\ \cdots\cdots \\ \Delta_n = -v_n + \delta\end{cases}$$

上组式中各式分别自乘，然后求和

$$[\Delta\Delta] = [vv] - 2[v]\delta + n\delta^2$$

显然

$$[v] = \sum_{i=1}^{n}(L - L_i) = nL - [l] = 0$$

故有

$$[\Delta\Delta] = [vv] + n\delta^2$$

即

$$\frac{[\Delta\Delta]}{n} = \frac{[vv]}{n} + \delta^2 \tag{1-12}$$

但是

$$\delta = L - X = \frac{[l]}{n} - X = \frac{[l - X]}{n} = \frac{[\Delta]}{n}$$

故

$$\delta^2 = \frac{[\Delta]^2}{n^2} = \frac{1}{n^2}(\Delta_1^2 + \Delta_2^2 + \cdots + \Delta_n^2 + 2\Delta_1\Delta_2 + 2\Delta_1\Delta_3 + \cdots)$$

$$= \frac{[\Delta\Delta]}{n^2} + \frac{2}{n^2}(\Delta_1\Delta_2 + \Delta_1\Delta_3 + \cdots)$$

由于 Δ_1、Δ_2、…、Δ_n 是彼此独立的偶然误差，故 $\Delta_1\Delta_2$、$\Delta_1\Delta_3$、…也具有偶然误差的性质。当 $n \to \infty$ 时，上式等号右边第二项应趋近于零；当 n 为较大的有限值时，其值远比第一项小，故可忽略不计。于是式(1-8)变为

$$\frac{[\Delta\Delta]}{n} = \frac{[vv]}{n} + \frac{[\Delta\Delta]}{n^2}$$

根据中误差的定义，上式可写为

$$m^2=\frac{[vv]}{n}+\frac{m^2}{n}$$

即

$$m=\pm\sqrt{\frac{[vv]}{(n-1)}} \tag{1-13}$$

式(1-9)即为利用观测值的改正数 v_i 计算中误差的公式，称为白塞尔公式。

[例]设用经纬仪测量某个角度 6 测回，观测值列于表 1-10 中，试求观测值中的误差及算述平均值的中误差。

表 1-10

观测次序	观测值	v	vv	计算
1	36°50′30″	−4″	16	$m=\pm\sqrt{\frac{[vv]}{n-1}}$
2	26	0	0	$=\pm\sqrt{\frac{34}{6-1}}$
3	28	−2	4	$=\pm 2.6''$
4	24	+2	4	
5	25	+1	1	
6	23	+3	9	
	$L=36°50'26''$	$[v]=0$	$[vv]=34$	

算术平均值 L 的中误差根据公式(1-10)，有

$$M=\frac{m}{\sqrt{n}}=\pm\sqrt{\frac{[vv]}{n(n-1)}}=\pm\sqrt{\frac{34}{6(6-1)}}=\pm 1.1''$$

注意，在以上计算中 $m=\pm 2.6''$为观测值的中误差，$M=\pm 1.1''$为算术平均值的中误差。最后结果及其精度可写为

$$L=36°50'26''\pm 1.1''$$

一般袖珍计算器都具有统计计算功能(STAT)，能很方便地进行上述计算(计算方法可参考计算器的说明书)。

由于算术平均值的中误差 M 为观测值中误差 m 的 $\frac{1}{\sqrt{n}}$ 倍，因此增加观测次数可以提高算术平均值的精度。例如，设观测值的中误差 $m=1$ 时，算术平均值的中误差 M 与观测次数 n 的关系见图 1-27。由该图可以看出，当 n 增加时，M 减小。但当观测次数达到一定数值后（例如 $n=10$），再增加观测次数，工作量增加，但提高精度的效果就不太明显了。故不能单纯以增加观测次数来提高测量成果的精度，还应设法提高观测值本身的精度。例如，采用精度较高的仪器；提高观测技能；在良好的外界条件下进行观测等。

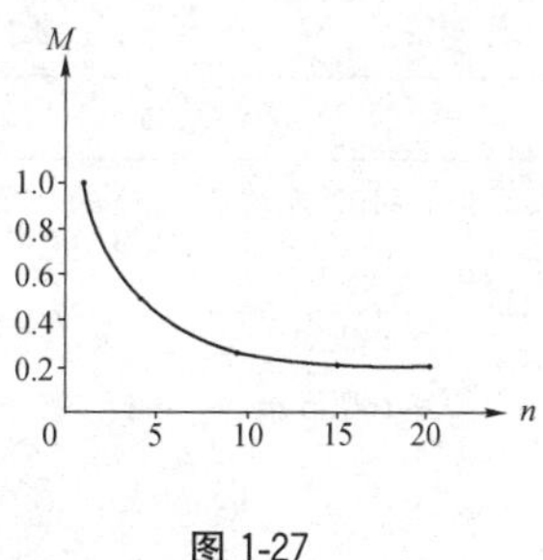

图 1-27

5. 常用测量单位与换算

(1)角度单位及换算。

测量常用的角度的法定计量单位的换算关系，见表 1-11。

表 1-11　角度单位制及换算关系

六十进制	弧度制
1 圆周＝360° 1°＝60′ 1′＝60″	1 圆周＝2π 弧度 1 弧度＝180°/π＝57.29577951°＝$\rho°$ ＝3438′＝e' ＝206265″＝ρ''

(2)长度单位及换算。

测量常用的长度的法定计量单位的换算关系，见表 1-12。

表 1-12　长度单位制及换算关系

公制	英制
1km＝1000m 1m＝10dm ＝100cm ＝1000mm	1 英里(mile,简写 mi) 1 英尺(foot,简写 ft) 1 英寸(inch,简写 in) 1km＝0.6214mi ＝3280.8ft 1m＝3.2808ft ＝39.37in

(3)面积单位及换算。

测量常用的面积的法定计量单位的换算关系，见表 1-13。

表 1-13　面积单位制及换算关系

公制	市制	英制
$1km^2=1\times10^6m^2$ $1m^2=100dm^2$ $=1\times10^4cm^2$ $=1\times10^6mm^2$	$1km^2$＝1500 亩 $1m^2$＝0.0015 亩 1 亩＝$666.6666667m^2$ ＝0.06666667 公顷 ＝0.1647 英亩	$1km^2$＝247.11 英亩 ＝100 公顷 $10000m^2$＝1 公顷 $1m^2=10.764ft^2$ $1cm^2=0.1550in^2$

第2部分　测量放线工岗位工作要求

一、施工测量工作内容及职责

1.施工测量基本内容

施工测量的目的是把设计的建筑物、构造物的平面位置和高程，按设计要求，以一定的精度测设在地面上，作为施工的依据，并在施工过程中进行一系列的测量工作，以衔接和指导各工序间的施工。

建筑工程的施工测量主要包括工程定位测量、基槽放线、楼层平面放线、楼层标高抄测、建筑物垂直度及标高测量、变形观测等。

施工测量贯穿于整个施工过程中。从场地平整、建筑物定位、基础施工，到建筑物构件的安装等，都需要进行施工测量，才能使建筑物、构筑物各部分的尺寸、位置符合设计要求。有些工程竣工后，为了便于维修和扩建，还必需测出竣工图。有些高大或特殊的建筑物建成后，还要定期进行变形观测，以便积累资料，掌握变形的规律，为今后建筑物的设计、维护和使用提供资料。

2.施工测量工作特点

测绘地形图是将地面上的地物、地貌测绘在图纸上，而施工测量则和它相反，是将设计图纸上的建筑物、构筑物按其设计位置测设到相应的地面上。

测设精度的要求取决于建筑物或构筑物的大小、材料、用途和施工方法等因素。一般高层建筑物的测设精度应高于低层建筑物，钢结构厂房的测设精度应高于钢筋混凝土结构厂房，装配式建筑物的测设精度应高于非装配式建筑物。

施工测量工作与工程质量及施工进度有着密切的联系。测量人员必须了解设计的内容、性质及其对测量精度的要求，熟悉图纸上的尺寸和高程数据，了解施工的全过程，并掌握施工现场的变动情况，使施工测量工作能够与施工密切配合。

另外，施工现场工种多，交叉作业频繁，并有大量土、石方填挖，地面变动很大，又有动力机械的振动，因此各种测量标志必须埋设稳固且在不易被破坏的位置。还应做到妥善保护，经常检查，如有破坏应及时恢复。

3. 施工测量的原则

施工现场上有各种建筑物、构筑物且分布较广，往往又不是同时开工兴建。为了保证各个建筑物、构筑物的平面和高程位置都符合设计要求，互相连成统一的整体，施工测量和测绘地形图一样，也要遵循“从整体到局部，先控制后碎部”的原则。即先在施工现场建立统一的平面控制网和高程控制网，然后以此为基础，测设出各个建筑物和构筑物的位置。

施工测量的检核工作也很重要，必须采用各种不同的方法，加强外业和内业的检核工作。

4. 测量放线工作的基本要求

(1)认真学习与执行国家法令、政策与规范，明确为工程服务、对按图施工与工程进度负责的工作目的。

(2)遵守先整体后局部的工作程序。即先测设精度较高的场地整体控制网,再以控制网为依据,进行各局部建筑物的定位、放线。

(3)严格审核测量起始依据的正确性,坚持测量作业与计算工作步步有校核的工作方法。测量起始依据应包括设计图纸、文件、测量起始点、数据等。

(4)遵循测法要科学、简捷,精度要合理、相称的工作原则。方法选择要适当,使用要精心,在满足工程需要的前提下,力争做到省工、省时、省费用。

(5)定位、放线工作必须执行经自检、互检合格后,由有关主管部门验线的工作制度。还应执行安全、保密等有关规定,用好、管好设计图纸与有关资料,实测时要当场做好原始记录,测后要及时保护好桩位。

(6)紧密配合施工,发扬团结协作、不畏艰难、实事求是、认真负责的工作作风。

(7)虚心学习、及时总结经验,努力开创新局面的工作精神,以适应建筑业不断发展的需要。

5. 测量验线工作的基本方法

(1)验线工作应主动预控。

验线工作要从审核施工测量方案开始,在施工的各主要阶段前,均应对施工测量工作提出预防性的要求,以做到防患于未然。

(2)验线的依据应原始、正确、有效。

主要是设计图纸、变更洽商与定位依据点位(如红线桩、水准点等)及其数据(如坐标、高程等)要原始、最后定案有效并正确的资料,因为这些是施工测量的基本依据。若其中有误,在测量放线中多难以发现，一旦使用后果不堪设想。

(3)仪器与钢尺的检定和检校。

仪器与钢尺必须按计量法有关规定进行检定和检校。

(4)验线的精度要求。

①仪器的精度应适应验线要求，有检定合格证并校正完好。

②必须按规程作业，观测误差必须小于限差，观测中的系统误差应采取措施进行改正。

③验线成果应先行附合(或闭合)校核。

(5)验线工作。

验线工作必须独立，尽量与放线工作不相关。主要包括：

①观测人员。

②仪器。

③测法及观测路线等。

(6)验线部位。

验线部位应为关键环节与最弱部位，主要包括：

①定位依据桩及定位条件。

②场区平面控制网、主轴线及其控制桩(引桩)。

③场区高程控制网及±0.000 高程线。

④控制网及定位放线中的最弱部位。

(7)验线方法及误差处理。

①场区平面控制网与建筑物定位，应在平差计算中评定其最弱部位的精度，并实地验测，精度不符合要求时应重测。

②细部测量，可用不低于原测量放线的精度进行验测，验线成果与原放线成果之间的误差应按以下原则处理：

a. 两者之差小于 $1/\sqrt{2}$ 限差时，对放线工作评为优良。

b. 两者之差略小于或等于 $1/\sqrt{2}$ 限差时，对放线工作评为合格(可不改正放线成果，或取两者的平均值)。

c. 两者之差超过$\sqrt{2}$限差时，原则上不予验收，尤其是要害部位。若次要部位，可令其局部返工。

6. 施工测量记录要求

(1)测量记录的基本要求。原始真实、数字正确、内容完整、字体工整。

(2)记录应填写在规定的表格中。开始应先将表头所列各项内容填好，并熟悉表中所载各项内容与相应的填写位置。

(3)记录应当场及时填写清楚。不允许先写在草稿纸上后转抄誊清，以防转抄错误，保持记录的“原始性”。采用电子记录手簿时，应打印出观测数据。记录数据必须符合法定计量单位。

(4)字体要工整、清楚。相应数字及小数点应左右成列、上下成行、一一对齐。记错或算错的数字，不准涂改或擦去重写，应将错数画一斜线，将正确数字写在错数的上方。

(5)记录中数字的位数应反映观测精度。如水准读数应读至 mm，若某读数为 1.33m 时，应记为 1.330m，不应记为 1.33m。

(6)记录过程中的简单计算，应现场及时进行。如取平均值等，并做校核。

(7)记录人员应及时校对观测所得到的数据。根据所测数据与现场实况，以目估法及时发现观测中的明显错误，如水准测量中读错整米数等。

(8)草图、点之记图应当场勾绘。方向、有关数据和地名等应一并标注清楚。

(9)注意保密。测量记录多有保密内容，应妥善保管，工作结束后，应上交有关部门保存。

7. 施工测量计算要求

(1)测量计算工作的基本要求。

依据正确、方法科学、计算有序、步步校核、结果可靠。

(2)外业观测成果是计算工作的依据。

计算工作开始前,应对外业记录、草图等认真仔细地逐项审阅与校核,以便熟悉情况并及早发现与处理记录中可能存在的遗漏、错误等问题。

(3)计算过程一般均应在规定的表格中进行。

按外业记录在计算表中填写原始数据时,严防抄错,填好后应换人校对,以免发生转抄错误。这一点必须特别注意,因为抄错原始数据,在以后的计算校核中无法发现。

(4)计算中,必须做到步步有校核。

各项计算前后联系时,前者经校核无误,后者方可开始。校核方法以独立、有效、科学、简捷为原则选定,常用的方法有:

①复算校核将计算重做一遍,条件许可时最好换人校核,以免因习惯性错误而“重蹈旧辙”,使校核失去意义。

②总和校核。例如,水准测量中,终点对起点的高差,应满足如下条件:

$$\sum h=\sum a-\sum b=H_{终}-H_{始} \tag{2-1}$$

③几何条件校核。例如,闭合导线计算中,调整后的各内角之和,应满足如下条件:

$$\sum \beta_{理}=(n-2)180^{\circ} \tag{2-2}$$

④变换计算方法校核。例如,坐标反算中,有按公式计算和计算器程序计算两种方法。

⑤概略估算校核。在计算之前,可按已知数据与计算公式,预估结果的符号与数值,此结果虽不可能与精确计算值完全一

致，但一般不会有很大差异，这对防止出现计算错误至关重要。

⑥计算校核一般只能发现计算过程中的问题，不能发现原始依据是否有误。

(5)计算中所用数字应与观测精度相适应。

在不影响成果精度的情况下，要及时合理地删除多余数字，以提高计算速度。删除多余数字时，宜保留到有效数字后一位，以使最后成果中有效数字不受删除数字的影响。删除数字应遵守“四舍、六入、整五凑偶(即单进、双舍)”的原则。

8. 施工测量工作应注意的问题

(1)周密安排，注重测量程序根据单位、分部、分项工程直到具体工序，从整体上做好周密计划，分清主次与轻重缓急，安排组织好每一个施工测量的环节，使放样工作和施工工序紧密衔接。

在测量放样布局上，按照“由整体到局部”的程序逐级加以控制。

(2)加强图纸与放样数据的审核工作，重视放样成果的现场检查全面阅读与审核设计图纸，尽早发现设计错误并处理。放样的计算数据要指定专人核对，测量完成后，要对放样成果用不同的方法当场检查，以免因疏忽大意或意外因素，造成不必要的测量质量事故。

(3)认真做好记录，保存好测量资料。施工测量中必须认真做好记录，连同放样资料一起保存。使用全站仪时，要及时传输并储存数据，以防丢失。

(4)测量仪器的使用与保管。使用仪器前，应认真阅读使用说明书，确保仪器的正确使用。严格按照操作规程工作，重视工地现场环境下的仪器保护。在仪器的搬运过程中，要防止碰撞及振动。仪器装箱的位置要正确，关箱后扣好。

测量仪器必须有专人保管，不得随意拆卸仪器。平时应保持仪器干净、清洁，防止阳光暴晒、雨淋和受潮。

(5)测量安全对测量人员要进行安全教育，组织学习安全操作规程，严格执行“安全第一，预防为主”的方针。具体要强调以下几点：

①进入施工现场必须戴安全帽，水上作业必须穿救生衣。

②仪器架设后操作人员不得离开仪器，在路边架设仪器需有专人保护，设交通标志。

③严禁塔尺、花杆等测量器具触碰空中和地面上的电缆，特别是裸露电缆。

④注意施工现场各种交叉作业可能引起的安全问题，上支架测量需设置人行梯。

(6)环境保护施工测量中要注意环境保护，废弃的木桩、油漆桶和记号笔等，不得随地乱扔，应按照当地的环保规定统一处理。

二、施工测量放线安全要求

1. 施工现场测量作业特点

施工测量人员在施工现场，虽比不上架子工、电工或爆破工遇到的险情多，但是测量放线工作的需要，使测量人员在安全隐患方面有“八多”。即：

(1)要去的地方多、观测环境变化多。测量放线工作从基坑到封顶，从室内结构到室外管线的各个施工角落均要放线，所以要去的地方多，且各测站上的观测环境变化多。

(2)接触的工种多、立体交叉作业多。测量放线从打护坡桩挖土到结构支模，从预留埋件的定位到室内外装饰设备的安装，需要接触的工种多、相互配合多，尤其是相互立体交叉作业多。

(3)在现场工作时间多，天气变化多。测量人员每天早晨上班要早，以检查线位桩点，下午下班要晚，以查清施工进度，安排明天的活茬，中午工地人少，正适合加班放线，以满足下午施工的需要，所以施工测量人员在现场工作时间多；天气变化多，也应尽量适应。

(4)测量仪器贵重，各种附件与斧锤、墨斗工具多、接触机电机会多。测量仪器怕摔砸，斧锤怕失手，线坠怕坠落，人员怕踩空跌落；现场电焊机、临时电线多。因此，钢尺与铝质水准尺触电机会多。

总之，测量人员在现场放线中，要精神集中观测与计算，而周围的环境却千变万化，上述的“八多”隐患均有造成人身或仪器损伤的可能。为此，测量人员必须在制定测量放线方案中，应根据现场情况按“预防为主”的方针，在每个测量环节中落实安全生产的具体措施。并在现场放线中严格遵守安全规章、时时处处谨慎作业，既要做到测量成果好，更要人身仪器双安全。

2. 建筑施工测量安全作业要点

(1)为贯彻“安全第一、预防为主”的基本方针，在制订测量放线方案中，就要针对施工安排和施工现场的具体情况，在各个测量阶段落实安全生产措施，做到预防为主。尤其是人身与仪器的安全，尽量减少立体作业，以防坠落与摔砸。如平面控制网站的布设要远离施工建筑物，内控法做竖向投测时，要在仪器上方采取可靠措施等。

(2)对新参加测量的工作人员，在进行做好测量放线、验线应遵守的基本准则教育的同时，针对测量放线工作存在安全隐患“八多”的特点，进行安全操作教育，使他们能严格遵守安全规章制度；现场作业必须戴好安全帽，高处或临边作业要绑扎安全带。

(3)各施工层上作业，要注意“四口”安全，不得从洞口或井字架上下，防止坠落。

(4)上下沟槽、基坑或登高作业应走安全梯或马道。在槽、基坑底作业前，必须检查槽帮的稳定性，确认安全后再下槽、基坑。

(5)在脚手板上行走、防踩空或板悬挑，在楼板临边放线，不要紧靠防护设备，严防高空坠落；机械运转时，不得在机械运转范围内作业。

(6)测量作业钉桩前，应检查锤头的牢固性。作业时与他人协调配合，不得正对他人抡锤。

(7)楼层上钢尺量距要远离电焊机和机电设备，用铅质水准尺抄平时、要防止碰撞架空电线，以防造成触电事故。

(8)仪器不得已安置在光滑的水泥地面上时，要有防滑措施，如三脚架尖要插入中或小坑内，以防滑倒。仪器安置后必须设专人看护，在强阳光下或安全网下都要打伞防护；夜间或黑暗处作业时，应具备必要的照明安全设备。

(9)有不宜登高作业疾病者，如高血压、心脏病等，不宜高空作业。

(10)操作时必须精神集中，不得玩笑打闹，或往楼下或低处掷杂物，以免伤人、砸物。

3. 市政工程测量安全作业要点

(1)进入施工现场必须按规定，佩戴安全防护用品。

(2)作业时必须避让机械，躲开坑、槽、井，选择安全的路线和地点。

(3)上下沟槽、基坑应走安全梯或马道,在槽、基坑底作业前,必须检查槽帮的稳定性,确认安全后再下槽、基坑作业。

(4)高处作业必须走安全梯或马道,临边作业时必须采取防坠落的措施。

(5)在社会道路上作业时必须遵守交通规则,并据现场情况采取防护、警示措施,避让车辆,必要时设专人监护。

(6)进入井、深基坑(槽)及构筑物内作业时,应在地面进出口处设专人监护。

(7)机械运转时,不得在机械运转范围内作业。

(8)测量作业钉桩前应检查锤头的牢固性,作业时与他人协调配合,不得正对他人抡锤。

(9)需在河流、湖泊等水中测量作业前,必须先征得主管单位的同意,掌握水深、流速等情况,并据现场情况采取防溺水措施。

(10)冬期施工不应在冰上进行作业。严冬期间需在冰上作业时,必须在作业前进行现场探测,充分掌握冰层厚度,确认安全后,方可在冰上作业。

三、测量仪器使用与保管

1.测量仪器的领用与检查

测量仪器应按规定的手续向有关部门借领使用。借领时应对仪器及其附件进行全面检查,发现问题应立即提出。检查的主要内容是:

(1)仪器有无碰撞伤痕、损坏,附件是否齐全、适用。

(2)各轴系转动是否灵活,有无杂音。各操作螺旋是否有效，校正螺丝有无松动或丢失。水准器气泡是否稳定、有无裂纹。自动安平仪器的灵敏件是否有效。

(3)物镜、目镜有无擦痕，物像和十字线是否清晰。

(4)经纬仪读数系统的光路是否清晰。度盘和分微尺刻划是否清楚、有无行差。

(5)光电仪器要检查电源、电线是否配套、齐全。

2. 测量仪器的正确使用要点

(1)仪器的出入箱及安置。

仪器开箱时应平放，开箱后应记清主要部件(如望远镜、竖盘、制微动螺旋、基座等)和附件在箱内的位置，以便用完后按原样入箱。仪器自箱中取出前，应松开各制动螺旋，一手持基座、一手扶支架将仪器轻轻取出。仪器取出后应及时关闭箱盖，并不得坐人。

测站应尽量选在安全的地方。必须在光滑地面安置仪器时，应将三脚尖嵌入地面缝隙内或用绳将三脚架捆牢。安置脚架时，要选好三足方向，架高适当，架首概略水平，仪器放在架首上应立即旋紧连接螺旋。

观测结束后仪器入箱前，应先将定平螺旋和制微动螺旋退回至正常位置，并用软毛刷除去仪器表面灰尘，再按出箱时原样就位入箱。箱盖关闭前应将各制动螺旋轻轻旋紧，检查附件齐全后可轻关箱盖，箱口吻合方可上锁。

(2)仪器的一般操作。

仪器安置后必须有人看护，不得离开，并要注意防止上方有物坠落。一切操作均应手轻、心细、稳重。定平螺旋应尽量保持等高。制动螺旋应松紧适当，不可过紧。微动时，应尽量保持微动螺旋在微动卡中间一段移动，不可旋转过度使弹簧完全压缩或完全伸展弹出，以保持微动效用和弹簧的弹性。

(3)仪器的迁站、运输和存放。

迁站前，应将望远镜直立(物镜朝下)、各部制动螺旋微微旋紧、光电仪器要断电并检查连接螺旋是否旋紧。迁站时，脚架合拢后，置仪器于胸前，一手携脚架于肋下，一手紧握基座，持仪器前进时，要稳步行走。仪器运输时不可倒放，更要注意防振、防潮，严禁在自行车货架上带仪器。

仪器应存放在通风、干燥、常温的室内。仪器柜不得靠近火炉或暖气。

3. 测量仪器的检验与校正要点

水准仪和经纬仪应根据使用情况，每隔2～3个月对主要轴线关系，进行检验和校正。仪器检验和校正应选在无风、无振动干扰环境中进行。各项检验、校正，须按规定的程序进行。每项校正，一般均需反复几次才能完成。拨动校正螺丝前，应先辨清其松紧方向。拨动时，用力要轻、稳，螺旋应松紧适度。每项校正完毕，校正螺旋应处于旋紧状态。

各类仪器如发生故障，切不可乱拆乱卸，应送专业修理部门修理。

4. 光电仪器的使用要点

使用电磁波测距仪或激光准直仪时，一定要注意电源的类型(交流或直流)和电压与光电设备的额定电源是否一致。有极性要求的插头和插座一定要正确接线，不得颠倒。使用干电池的电器设备，正负极不能装反，新旧电池不要混合使用，设备长期不用，要把电池取出。

使用仪器前，先要熟悉仪器的性能及操作方法，并对仪器各主要部件进行必要的检验和校正。使用激光仪器时，要有 30～60min 的预热时间。激光对人眼有害，故不可直视光源。

使用电磁波距测仪时，先要检查棱镜与仪器主机是否配套，并严禁将镜头对准太阳或其他强光源；观测时，视场内只能有一个反光棱镜，避免测线两侧及反光棱镜后方有其他光源和反射体，更要尽量避免逆光观测。在阳光下或小雨天气作业时均要打伞遮挡，以防阳光射入接收物镜而烧坏光敏二极管，或防止雨水淋湿仪器造成短路。迁站或运输时，要切断电源并防止振动。

5. 钢尺、水准尺与标杆的使用要点

(1)钢尺。

钢尺性脆易折，使用时要严禁人踩、车碾，遇有扭结打环，应解开后再拉尺，收尺时不得逆转。钢尺受潮易锈，遇水后要用布擦净；较长时间存放时，要涂机油或凡士林油。在施工现场使用时，要特别注意防止触电伤尺、伤人。钢尺尺面刻划和注记易受磨损和锈蚀，量距时要尽量避免拖地而行。

(2)水准尺与标杆。

水准尺与标杆在施测时均应由测工认真扶好，使其竖直，切不可将尺自立或靠立。塔尺抽出时，要检查接口是否准确。水准尺与标杆一般均为木制或铝制，使用及存放时均应注意防水、防潮和防变形，尺面刻划与漆皮应精心保护，以保持其鲜明、清晰。铝制尺、杆要严禁触及电力线。

第3部分　水准测量操作

一、水准仪的构造和使用

1. 水准测量原理

水准测量是利用水准仪提供一条水平视线，借助水准尺测定地面两点间的高差，从而由已知点高程及测得的高差求得待测点的高程。见图3-1。

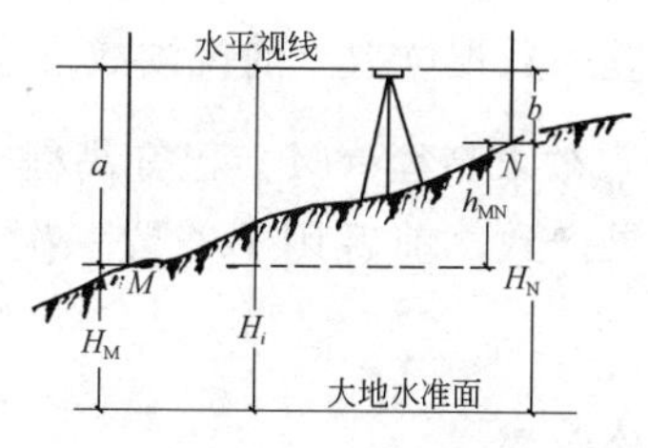

图3-1　水准测量原理

(1)水准读数。

水准测量的基本要求是水准仪提供的视线必须水平，视线水平时在水准尺上的读数叫水准读数。

①后视读数(a)。水准仪在已知高程点上水准尺的水准读数。

②前视读数(b)。水准仪在欲求高程点上水准尺的水准读数。

③水准读数的大小。当视线水平时，立尺点越低，则该点上

的水准读数越大；反之，立尺点高，其上的水准读数就越小。

(2)水准测量公式。

见图 3-1：M 点的已知高程为 H_M，N 点的欲求高程为 H_N，a 为后视读数，b 为前视读数，H_i 为水平视线高程，叫做视线高。

视线高法公式：

$$\begin{cases} H_i = H_M + a \\ H_N = H_i + b \end{cases} \tag{3-1}$$

即 $\begin{cases} \text{视线高} = M\text{点已知高程} + \text{后视读数} \\ N\text{点欲求高程} = \text{视线高} - \text{前视读数} \end{cases}$

$$\begin{cases} h_{MN} = a - b \\ H_N = H_M + h_{MN} \end{cases} \tag{3-2}$$

即 $\begin{cases} \text{高差} = \text{后视读数} - \text{前视读数} \\ N\text{点欲求高程} = M\text{点已知高程} + \text{高差} \end{cases}$

两种算法结果一致。前者用于安置一次仪器测多个点的高程。

2. 水准仪的分类

(1)按精度分。

根据《水准仪》(GB/T 10156—2009)的规定，我国水准仪按精度分为 3 级，高精密水准仪(S0.2、S0.5)、精密水准仪(S1)与普通水准仪(S1.5～S4)(S×中，S 为水准仪代号，×为往返观测高差平均值的中误差，单位 mm)。精密水准仪在施工测量中，多用于沉降观测，普通水准仪是施工测量常使用的。我国水准仪系列及其基本参数见表 3-1。

表 3-1 我国水准仪系列的等级及其基本规格参数

参数名称		单位	高精密	精密	普通
1km往返水准测量中误差(标准偏差)		mm	0.2～0.5	1.0	1.5～4.0
望远镜	放大率	倍	38～42	32～38	20～32
	物镜有效孔径	mm	45～55	40～45	30～40
	最短视距不大于	m	2.0		
水准泡角值	符合式管状	(″)/2mm	10		20
	直交型管状	(′)/2mm	2		—
	圆形		4	8	
自动安平补偿性能	补偿范围	(′)	±8		
	安平时间	s	2		
测微器	测量范围	mm	10、5		—
	分格值		0.1、0.05		
主要用途			国家一等水准测量及地震水准测量	国家二等水准测量及其他精密水准测量	国家三、四等水准测量及一般工程水准测量

(2)按构造分。

根据水准仪的构造不同，分为微倾水准管水准仪、光学自动安平(补偿)水准仪与电子自动安平水准仪。微倾水准仪是20世纪40～50年代由长筒望远镜的定、活镜Y式水准仪改进而成的常用仪器，现已趋于淘汰；光学自动安平水准仪是20世纪50年代以来发展起来的，是目前施工测量中使用最多的仪器；电子水准仪是20世纪90年代以后在自动安平水准仪的基础上实现自动调焦、数字显示的近代新产品，目前属于精密仪器。

3. 水准仪的构造

(1)DS3 微倾式水准仪。

“D”和“S”分别为“大地测量”和“水准仪”的汉语拼音第一个字母,“3”为该类仪器的等级,即进行水准测量每千米往返测得高差中数的偶然误差为±3mm。图 3-2 为“DS3”型微倾式水准仪,主要由望远镜、水准器和基座等部分构成。

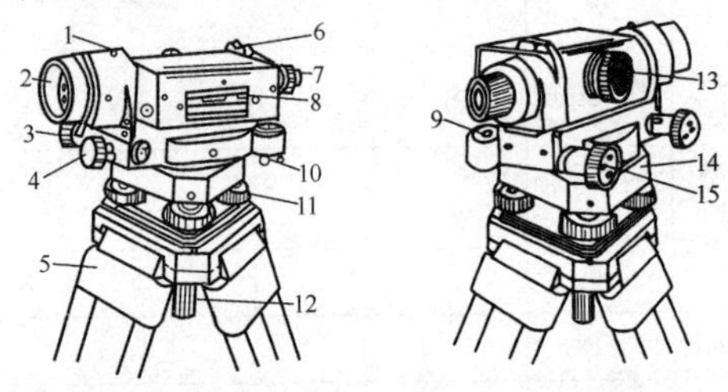

图 3-2　DS3 微倾水准仪

1—准星;2—物镜;3—微动旋钮;4—制动旋钮;5—三脚架;6—照门;7—目镜;8—水准管;9—圆水准器;10—圆水准校正旋钮;11—脚旋钮;12—连接旋钮;13—对光旋钮;14—基座;15—微倾旋钮

①望远镜。望远镜是构成水平视线、瞄准目标并对水准尺进行读数的主要部件,见图 3-3。它是由物镜、对光透镜、十字丝网和目镜等部分组成。

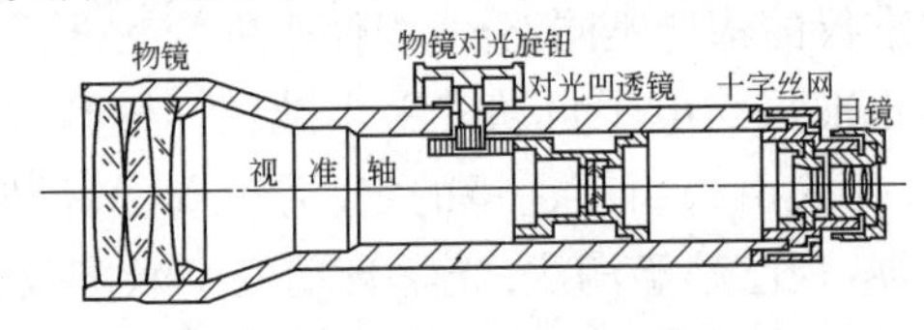

图 3-3　望远镜

a. 物镜:它使远处目标(水准尺)在望远镜内成倒立而缩小的实像。

b. 对光透镜：转动对光旋钮使对光透镜沿着光轴方向前后移动，从而使物镜所成实像落到十字丝网平面上。

c. 十字丝网：它是刻在玻璃上相互垂直的两条细丝，竖直一条称为纵丝，中间一条横的称为横丝（又称中丝）。横丝上、下还有两条对称的用来测定距离的横丝，称为视距丝，见图3-4。十字丝网用来照准目标和读取水准尺上读数。

d. 目镜：它将十字丝网及其上的成像放大。转动目镜对光旋钮，可以使十字丝网及成像变得清晰。

e. 视准轴：十字丝交点与物镜光心的连线（*CC*）。

f. 竖轴（*VV*）：望远镜水平转动时的几何中心轴。

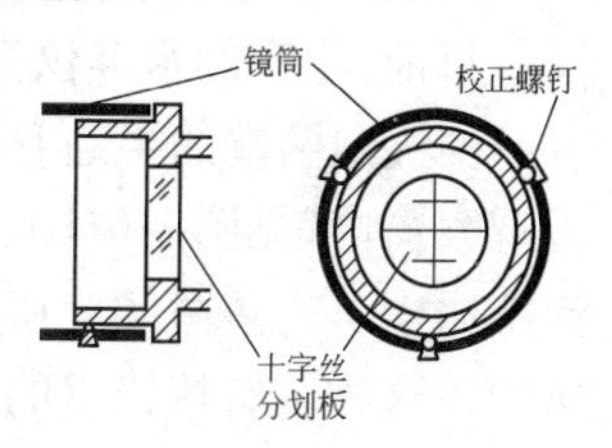

图3-4　十字丝网构造

②水准器。水准器是调平仪器的装置，分为有管水准器（简称水准管）和圆水准器两种。

a. 水准管是用玻璃管制成的，管内壁成圆弧形，内注酒精或乙醚之类的液体。加热融封，冷却后形成气泡，见图3-5。

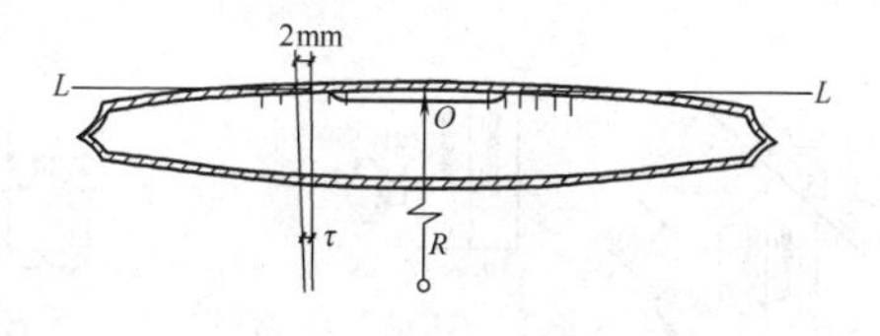

图3-5　水准管

水准管的两端各刻有数条间隔为2mm的分划线，其对称中心称为水准管零点。过零点与其圆弧相切的切线（*LL*），称为水准管轴。当气泡居中时，水准管轴处于水平位置。若视准轴平行于水准管轴，气泡居中时，则视准轴水平。

水准管上2mm间隔的弧长所对的圆心角 τ，称为水准管分划值，即：

$$\tau = 2R\rho'' \tag{3-3}$$

式中 ρ''——等于 206265″；

R——圆弧半径，mm；

τ——水准管分划值。

一般工程用水准仪 $\tau=20''$，记作 20″/2mm。

目前，生产的水准仪都在水准管上方设置一组棱镜，见图 3-6(a)。气泡两端的半边影像通过棱镜的反射作用，反映在望远镜观察窗内，见图 3-6(b)、(c)。气泡两端半边影像错开，表示气泡不居中。旋转微倾旋钮，可使气泡两端半边影像重合，则气泡居中。这种装有棱镜组的水准管，称为符合水准器。

b. 圆水准器安装在仪器的基座上，见图 3-7。圆水准器为一密闭的玻璃圆盒，它的顶面内壁成球面，中央刻有小圆圈。圆圈中心称为圆水准器零点，零点与球心的连线（$L'L'$），称为圆水准器轴。水准盒内所装液体与水准管相同。当气泡中心与零点重合时，表示气泡居中，此时圆水准器轴处于竖直位置，若竖轴平行于圆水准器轴，气泡居中时，则竖轴竖直。圆水准器分划值通常为 8′/2mm。

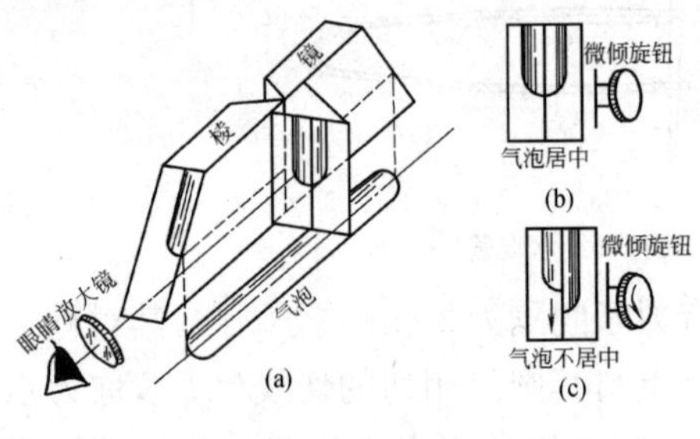

图 3-6　符合水准器

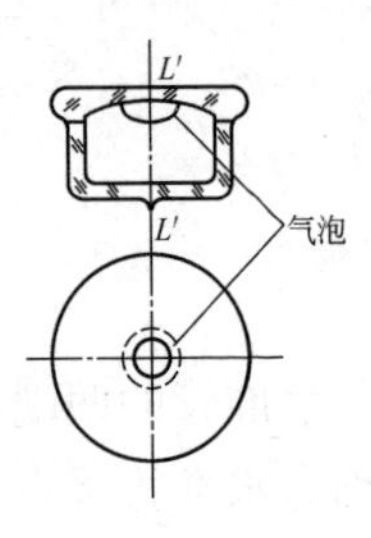

图 3-7　圆水准器

③各轴线间的几何关系。

a. $L'L' /\!/ VV$ 是当用定平螺旋定平水准盒时，仪器竖轴处于概略铅直位置。

b. $LL /\!/ CC$ 是当用微倾螺旋定平水准管时，视准轴处于水平位置，这样水准仪才能提供水平视线。

(2)光学自动安平水准仪。

自动安平水准仪，也叫自动补偿水准仪，它是在微倾水准仪的基础上，借助自动安平补偿器获得水平视线的水准仪。

①基本构造。其构造是在微倾水准仪上，取消了水准管与微倾螺旋，但增设了补偿器。当望远镜视线有微量倾斜时，补偿器在重力作用下对望远镜做相对移动，从而能自动、迅速地获得视线水平时的水准尺读数。但补偿器的补偿范围一般为±8′左右。因此，在使用自动安平水准仪时，要先定平水准盒，使望远镜处于概略水平。图3-8两种自动安平水准仪。

图3-8 自动安平水准仪

②工作原理。当望远镜视线水平时，与物镜光心同高的水准尺上物点 P 构成的像点 Z_0 应落在十字线交点 Z 上，见图3-9(a)。

当望远镜对水平线倾斜一小角 a 后，十字线交点 Z 向上移动，但像点 Z_0 仍在原处，这样即产生一读数差 Z_0Z 见图3-9(b)。当 a 很小时可以认为 Z_0Z 的间距为 $a \cdot f'$（f' 为物镜焦距），这时可在光路中 K 点装一补偿器，使光线产生屈折角 φ_0，满足 $a \cdot f' = \varphi_0 \cdot S_0$（$S_0$ 为补偿器至十字线中心的距离，即 KZ）的条件下，像点 Z_0 就落在 Z 点上，见图3-9(c)；或使十字线自动对仪器作反方向摆动，十字线交点 Z 落在 Z_0 点上。如光路中不采用光线屈折而采用平移时，只要平移量等于 Z_0Z，则十字线交点 Z 落在像点 Z_0 上，也同样能达到 Z_0 和 Z 重合的目的。

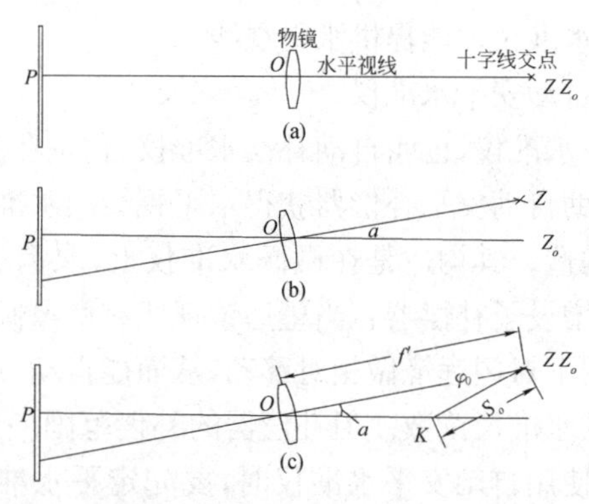

图 3-9　自动安平水准仪工作原理

自动安平补偿器按结构可分为活动十字线和挂棱镜等多种。补偿装置都有一个“摆”，当望远镜视线略有倾斜时，补偿元件将产生摆动，为使“摆”的摆动能尽快地得到稳定，必须装一空气阻尼器或磁力阻尼器。这种仪器较微倾水准仪工效高、精度稳定，尤其在多风和气温变化大的地区作业更为显著。

③自动安平水准仪的操作。自动安平水准仪的关键部件是高灵敏度的自动补偿器，它能在定平水准盒的情况下，使望远镜视准轴自动处于水平位置。施测中，安置仪器定平水准盒、照准目标消除视差后，即可用十字线读数。有的仪器上装有检查视线的下按钮，按动下按钮，十字线略有浮动后立即自动稳定，可继续观测。现代的自动安平水准仪的望远镜均为正像，观测时要注意使用正字水准尺。自动安平水准仪也需要经常检校视准轴的正确性，方法与微倾水准仪的 $LL /\!/ CC$ 检校相同。

(3)电子自动安平水准仪。

电子自动安平水准仪,也叫数字水准仪,它是在自动安平水准仪的基础上,增设电子信息处理系统构成的能自动显示水准读数及视线长度的水准仪。

①基本构造。其构造是在光学自动安平水准仪上增设了一套完整的图像数字化电子信息处理系统。当与专用的条码水准尺,见图3-10(a)所示相配套使用时,能将水准尺上的条码用数字显出来。当用普通水准尺时,则与光学自动安平水准仪使用方法相同。

②工作原理。见图3-10(b),当仪器照准条码水准尺后,通过望远镜中的照相机,摄取水准尺上的条码图像信息,传送给数据处理器,自动地在显示器上显示水准读数(1.2345m)及视线长度(46.34m)。

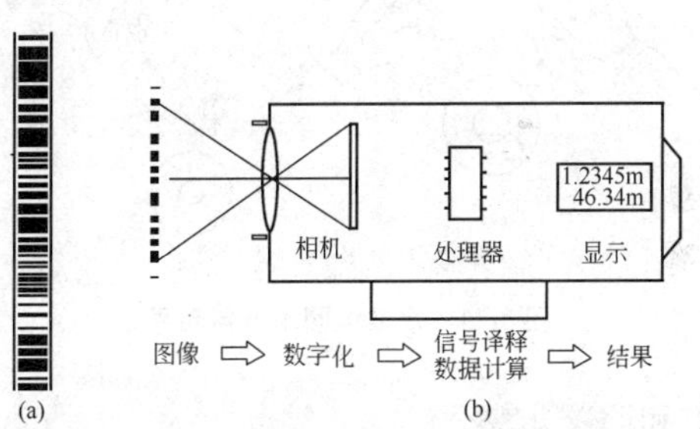

图3-10　电子自动安平水准仪工作原理

(a)专用条码水准尺;(b)工作原理

4. 水准仪的基本操作

(1)安置仪器的步骤。

①选择前、后视距大约相等处设测站。

②在测站上松开脚架固定旋钮,按需要高度调整脚架长度,

并拧紧固定旋钮。然后，张开三脚架，用脚尖踏实，并使架头水平。

③从仪器箱中取出水准仪，用连接旋钮将仪器固定于三脚架上。

(2)粗平步骤。

①使望远镜平行于任意两个脚旋钮 1 和 2 的连线，见图 3-11(a)。然后，用两手以相反方向同时旋动脚旋钮 1 和 2，使圆水准器气泡沿着平行于 1 和 2 连线的方向，由 a 运动至 b，也就是气泡运动方向与左手拇指旋动方向相同。

②再用左手拇指按箭头方向（垂直于 1 和 2 的连线方向），使气泡由 b 移至中心，见图 3-11(b)。

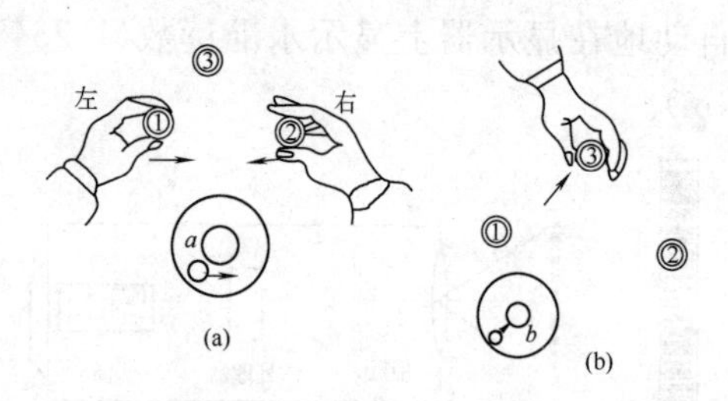

图 3-11　水准仪圆水准器粗平

(3)调焦和照准步骤。

①目镜调焦。使望远镜对向明亮的背景，转动目镜对光旋钮，使十字丝清晰。

②初步照准。松开制动旋钮，旋转望远镜使照门和准星的连线瞄准水准尺，拧紧制动旋钮。

③物镜调焦。转动物镜对光旋钮，使水准尺分划清晰，再转动微动旋钮，使十字丝竖丝照准水准尺边缘或中央。

④消除视差。当尺像与十字丝网平面不重合时，眼睛接近

目镜微微上下移动，若见十字丝横丝在水准尺上相对运动，就应认真对目镜和物镜进行调焦，直至视差消除。

(4)精平和读数的步骤。

①精平。眼睛观察符合水准管气泡，同时右手慢而均匀地转动微倾旋钮，使气泡两端的影像重合，见图3-12(b)。此时，水准仪精平，即望远镜视准轴精确水平。微调旋钮，旋转方向与左侧半边气泡影像移动方向一致，见图3-12(a)。

②读数。当符合水准器气泡两端半边影像重合时，见图3-12(b)，应立即用中丝读取水准尺上读数，直接读m、dm、cm，估读mm共四位。读数时从小数往大数方向读取，见图3-13，应读1.432m读数后再检查气泡是否居中，若不居中，应重新精平后，再读数。

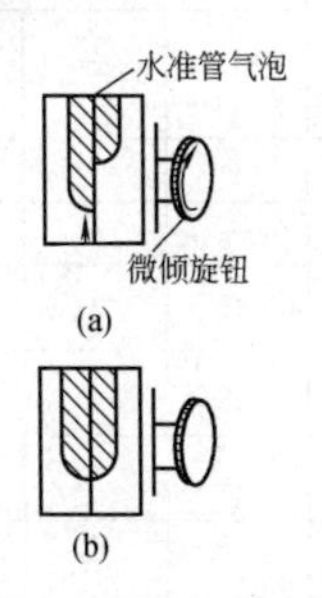

图3-12　符合水准器精平

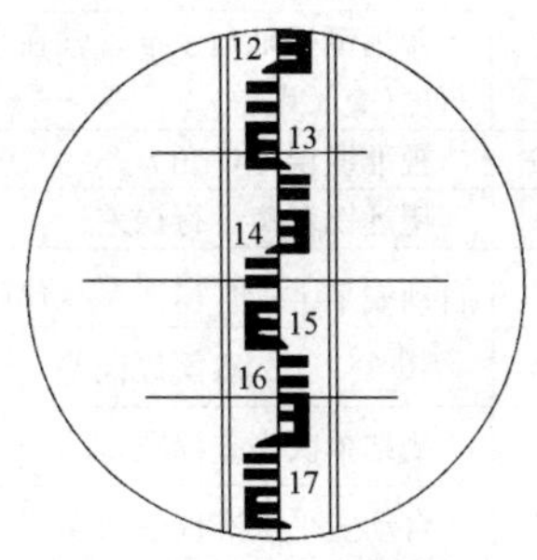

图3-13　水准尺读数

5. 水准仪的检验与校正

(1)水准仪的检定、检校。

①水准仪检定项目。水准仪的检定是根据《水准仪检定规程》(JJG 425—2003)，共检定15项，见表3-2。检定周期一般不超过一年。

表 3-2 水准仪检定项目表

<table>
<tr><th rowspan="2">序号</th><th rowspan="2" colspan="2">检定项目</th><th colspan="3">检定类别</th></tr>
<tr><th>首次检定</th><th>后续检定</th><th>使用中检验</th></tr>
<tr><td>1</td><td colspan="2">外观及各部件功能相互作用</td><td>+</td><td>+</td><td>+</td></tr>
<tr><td>2</td><td colspan="2">水准管角值</td><td>+</td><td>−</td><td>−</td></tr>
<tr><td>3</td><td colspan="2">竖轴运转误差</td><td>+</td><td>+</td><td>−</td></tr>
<tr><td>4</td><td colspan="2">望远镜分划板横线与竖轴的垂直度</td><td>+</td><td>+</td><td>+</td></tr>
<tr><td>5</td><td colspan="2">视距乘常数</td><td>+</td><td>−</td><td>−</td></tr>
<tr><td>6</td><td colspan="2">测微器行差与回程差</td><td>+</td><td>+</td><td>−</td></tr>
<tr><td>7</td><td colspan="2">数字水准仪视线距离测量误差</td><td>+</td><td>−</td><td>−</td></tr>
<tr><td>8</td><td colspan="2">视准线的安平误差</td><td>+</td><td>+</td><td>+</td></tr>
<tr><td>9</td><td colspan="2">望远镜视轴与水准管轴在水平面内投影的平行度(交叉误差)</td><td>+</td><td>+</td><td>−</td></tr>
<tr><td>10</td><td colspan="2">视准线误差(i 角)</td><td>+</td><td>+</td><td>+</td></tr>
<tr><td>11</td><td colspan="2">望远镜调焦运行误差</td><td>+</td><td>+</td><td>−</td></tr>
<tr><td>12</td><td rowspan="2">自动安平水准仪</td><td>补偿误差及补偿器工作范围</td><td>+</td><td>+</td><td>−</td></tr>
<tr><td>13</td><td>双摆位误差</td><td>+</td><td>+</td><td>−</td></tr>
<tr><td>14</td><td colspan="2">测站单次高差标准差</td><td>+</td><td>−</td><td>−</td></tr>
<tr><td>15</td><td colspan="2">自动安平水准仪磁致误差</td><td>−</td><td>−</td><td>−</td></tr>
</table>

注：检定类别中"+"为需检项目；"−"为可不检项目，由送检单位根据需要确定。

②水准盒轴($L'L'$)平行竖轴(VV)的检校。将仪器安置在三脚架上，定平水准盒见图 3-14(a)，然后将望远镜平转 180°，如果水准盒气泡仍居中，说明水准盒轴($L'L'$)平行竖轴(VV)。若水准盒气泡不居中，见图 3-14(b)，则说明两轴线不平行。用定平螺旋，使气泡退回一半见图 3-14(c)(此时竖轴 VV 已铅直)，用拨针调整水准盒的校正螺丝将气泡居中，见图 3-14(d)(此时水准盒轴 $L'L'$铅直)，以达到 $L'L' /\!/ VV$ 的目的。

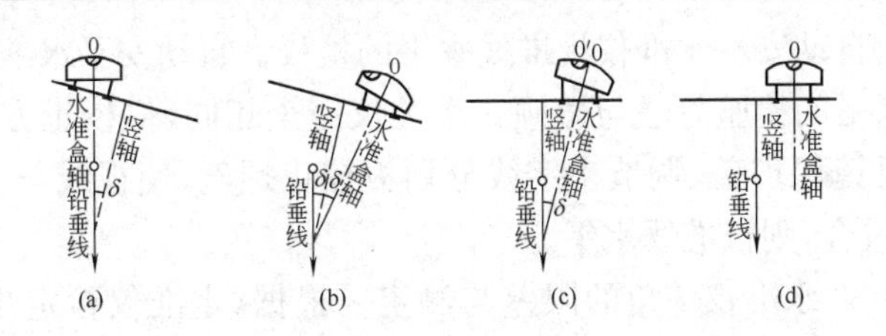

图 3-14　$L'L'//VV$ 的检校

③微倾水准仪水准管轴(LL)平行视准轴(CC)的检校，见图 3-15。

a. 在距 MN 两点($2d=80\text{m}$)等远处安置仪器，测得 a_1、b_1，则 $h=a_1-b_1$。

b. 在原地改变仪器高后，测得 a'_1、b'_1，则 $h'=a'_1-b'_1$。当 h 与 h' 较差小于 2mm 时，取平均值为 MN 两点的正确高差 $\bar{h}$。

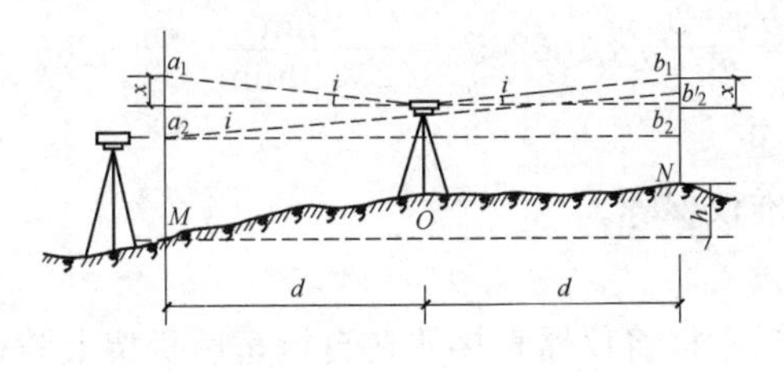

图 3-15　$LL//VV$ 的检校

c. 移仪器于 M 点近旁，望远镜照准 M 尺测得 a_2，计算应读前视 $b_2=a_1-\bar{h}$。

d. 望远镜照准 N 尺，测得大于 b'_2 与 b_2 重合，则说明 $LL//CC$，否则说明 LL 不平行于 CC。当 b'_2 与 b_2 相差大于 4mm 时，则应校正。

e. 调节微倾螺旋，使视线与 N 尺上 b_2 重合(此时视准轴 CC 水平，但水准管气泡偏移)，用拨针调整水准管一端的校正螺丝，使水准管气泡居中(即水准管轴 LL 水平)，则 $LL//CC$。

④自动安平水准仪视准线水平的检校。自动安平水准仪视准线水平的检验方法与微倾式水准仪完全相同，但校正方法是打开目镜保护盖，调节十字线分划板校正螺丝，使视线与 N 尺上 b_2 重合，则视准线水平。

⑤S3 水准仪 i 角的限差与测定。根据《水准仪检定规程》(JJG 425—2003)规定：S3 水准仪视准轴不水平的误差 $i \leqslant 12''$。

由图 3-15 中，可看出：$i \approx \frac{b'_2 - b_2}{2d} \times 206265''$

例如：若 $d = 40\text{m}$、$b'_2 - b_2 = 5\text{mm}(4\text{mm})$，计算 i 的值。

可以得出：

a. $i \approx \frac{b'_2 - b_2}{2d} \times 206265'' = \frac{5\text{mm}}{2 \times 40\text{mm}} \times 206265'' = 12.9'' > 12''$，应进行校正。

b. $i \approx \frac{b'_2 - b_2}{2d} \times 206265'' = \frac{4\text{mm}}{2 \times 40\text{mm}} \times 206265'' = 10.3'' < 12''$，可不校正。

(2)水准仪保养。

①三防。

a. 防震：不得将仪器直接放在自行车后货架上骑行，也不得将仪器直接放在载货汽车的车厢里受颠震。

b. 防潮：下雨应停测，下小雨可打伞，测后要用干布擦去潮气。仪器不得直接放在室内地面上，而应放入仪器专用柜中并上锁。

c. 防晒：在强阳光下应打伞，仪器旁不得离人。

②两护。

主要是保护目镜与物镜镜片，不得用一般擦布直接擦抹镜片。若镜片落有尘物，最好用毛刷掸去或用擦照相机镜头的专用纸擦拭。

(3)三脚架与水准尺保养。

①三脚架架首的三个紧固螺旋不要太紧或太松,接节螺旋不能用力过猛,三脚架各脚尖易锈蚀和晃动,要经常保持其干燥和螺钉的固定。

②水准尺尺面要保持清洁,防止碰损,尺底板容易因沾水或湿泥而潮损,要经常保持其干燥和螺钉的固定。使用塔尺时,要注意接口与弹簧片的松动,抽出塔尺上一节时,要注意接口安好,防止脱落没有被发现,致使读数错误。

(4)定平螺旋与制、微动螺旋维修。

①定平螺旋晃动会导致基座晃动,从而影响仪器的稳定性。这主要是由于鼓形螺母与螺杆之间沾有灰尘,使两者之间磨损严重而引起间隙过大,定平螺旋内缺油或者是由于松紧调节罩没有调到适当的松紧程度而引起。

对于像定平螺旋这种密封较差或经常磨损的零件,应定期拆卸下来清洗并加润滑油脂和适当调节罩的松紧程度。

②制、微动螺旋弹簧装在弹簧筒内,由于油污、灰沙的影响发生阻滞失效时,只要取出弹簧,用汽油清洗后加点油即可解决。若是由于微动螺旋失效或是弹力不够而导致微动有跳进现象或不起作用时,可把弹簧取出拉长一些或者向弹性方向弯曲一些(弹簧片结构),以增加其弹性。如仍解决不了问题,须更换新的弹簧(或弹簧片)。

(5)竖轴维修。

若竖轴中沾有灰尘或是缺油,必须将轴拔出来进行清洗。清洗的方法是用布蘸上汽油,把每个零件上的灰尘、油渍等擦洗干净。轴套最好用一根粗细相当的木棒包上布(蘸汽油)擦拭,然后再用清洁的脱脂白绸布或白亚麻布蘸上航空汽油彻底擦干净,并在反射光线方向用 3～5 倍放大镜仔细检查,个别的纤维及灰点,可用竹签挑掉,轴与轴套清洁后,应立即用防尘罩罩上(或放在特制的盒内),待每一个零件清洁完毕后,马上涂油装复。涂油时须用清洁的竹签蘸“精密仪表油”2～3 滴均匀地涂在轴上和套内,随即将竖轴缓缓地旋转插入轴套内,将轴在轴套内旋转 2～3 周后,再将轴往上抽出一部分,再边转边进,反复 2～3 次即可。这样可使所涂的油充分均匀。

若竖轴或轴套上局部有锈斑,用布擦不掉时,可用刮刀小心地把锈刮去,注意切勿伤损轴身或轴套,然后在锈斑部位用银光砂纸或研磨膏将轴身或轴套轻轻抛光。

仪器竖轴与照准部相连接是用 6 个螺旋固定的,这是由工厂内专用设备安装的,维修人员不得拆动。

(6)望远镜系统的故障与清除。

①望远镜对光系统的故障与清除。当旋转望远镜对光螺旋时,对光筒在望远镜筒内运转应平衡、灵活,无过紧、过松、卡滞或摆动等现象。

a. 对光螺旋转动时过紧或有杂声,这是因对光齿轮、齿条沾有灰沙、油垢或对光螺旋缺油所致。此时将对光螺旋拆下来清洗干净,涂上适当油脂即可解决。

b. 对光螺旋转动时有晃动现象,这是因为对光齿轮与齿条磨损严重所致,此时只需将对光螺旋拆下来,并抽出对光滑筒,用汽油将齿轮、齿条刷洗于净,再涂上黏度较大的润滑脂,就基本上可以解决。

c. 对光螺旋失效,其原因是对光齿轮与齿条没啮合好,此时可将对光螺旋拆下来重新安装,使齿轮与齿条啮合好。

②目镜对光螺旋发生过紧或晃动的故障与排除。目镜在对光时,如若发生过紧或晃动现象,是由于对光螺旋螺纹中灰尘或油腻过多,或螺纹有磨损和缺油所致。此时须将目镜对光螺旋

旋下，拆下屈光度环，用汽油将里面的灰尘油腻洗清，加上新的黏度较大的润滑脂即可。

6. 精密水准仪和水准尺

在大地测量的高差测量仪器中，主要使用气泡式的精密水准仪、自动安平的精密水准仪及数字水准仪以及相应的因瓦合金水准仪尺。

(1)气泡式精密水准仪和水准尺简介。

精密水准测量中的气泡水准仪有我国南京测绘仪器厂的S1级系列水准仪、Wild厂的N3水准仪和Zeiss厂的Ni004等。以N3为例子介绍其主要特点。

Wild N3精密水准仪的外形，见图3-16。望远镜物镜的有效孔径为50mm，放大倍率为40倍，管状水准器格值为10″/2mm。N3精密水准仪与分格值为10mm的精密因瓦水准标尺配套使用，标尺的基辅差为301.55cm。在望远镜目镜的左边上下有两个小目镜，他们符合气泡观察目镜和测微器读数目镜，在3个不同的目镜中所见到的影像，见图3-17。

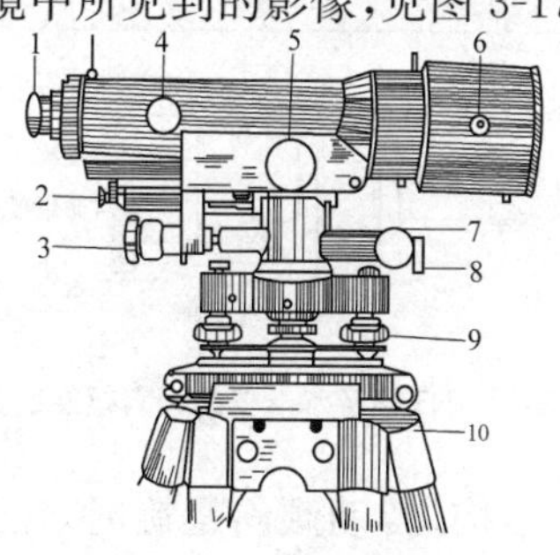

图3-16 N3精密水准仪

1—望远镜目镜；2—水准气泡反光镜；3—倾斜螺旋；
4—调焦螺旋；5—平行玻璃板测微螺旋；6—平行玻璃板旋转轴；
7—水平微动螺旋；8—水平制动螺旋；9—脚螺旋；10—脚架

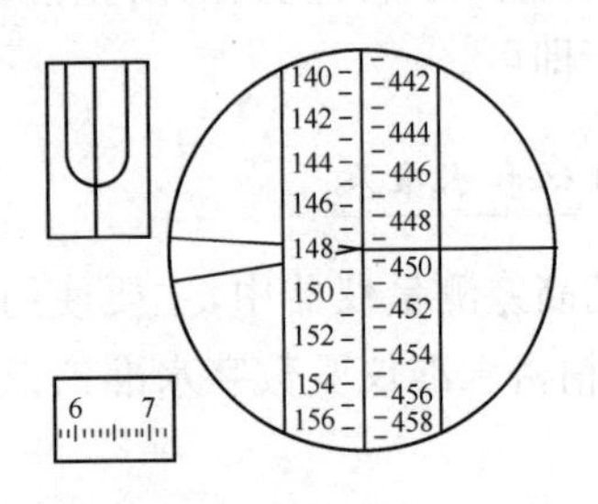

图 3-17 目镜读数

转动倾斜螺旋，使符合气泡观察目镜的水准气泡两端符合，则视线精确水平，此时可转动测微螺旋使望远镜目镜中看到的楔形丝夹准水准标尺上的 148 分划线，也就是使 148 分划线平分楔角，再在测微器目镜中读出测微器读数 653（即 6.53mm），故水平视线在水准示尺上的全部读数为 148.653cm。

①N3 精密水准仪的倾斜螺旋装置。见图 3-18 是 N3 型精密水准仪倾斜螺旋装置及其作用示意图图3-18。

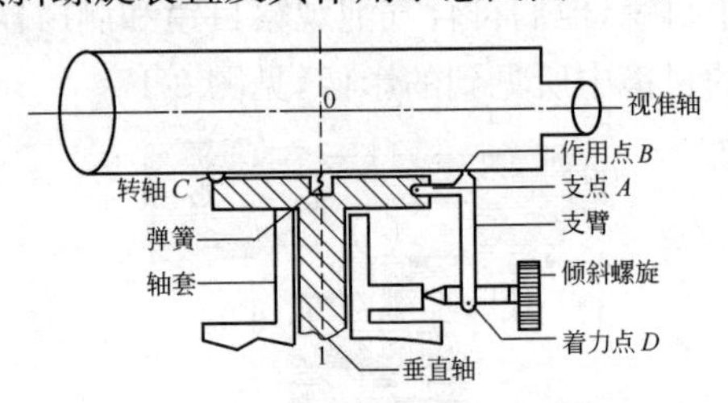

图 3-18 N3 精密水准仪的倾斜螺旋装置

它是一种杠杆结构，转动倾斜螺旋时，通过着力点 D 可以带动支臂绕支点 A 转动，使其对望远镜的作用点 B 产生微量升降，从而使望远镜绕转轴 C 作微量倾斜。由于望远镜与水准器是紧密相联的，于是倾斜螺旋的旋转就可以使水准轴和视准轴同时产生微量变化,借以迅速而精确地将视准轴整平。在倾斜螺旋上一般附有分划盘,可借助于固定指标进行读数,由倾斜螺旋转动的格数可以确定视线倾角的微小变化量,其转动范围约为 7 周。借助于这种装置,可以测定视准轴微倾的角度值,在进行跨越障碍物的精密水准测量时具有重要作用。

必须指出,见图 3-18 所示可见仪器转轴 C 并不位于望远镜的中心,而是位于靠近物镜的一端。由圆水准器整平仪器时,垂直轴并不能精确在垂直位置,可能偏离垂直位置较大。此时使用倾斜螺旋精确整平视准轴时,就会引起就视准轴高度的变化,倾斜螺旋转动量愈大,视准轴高度的变化也就愈大。如果前后视精确整平视准轴时,倾斜螺旋的转动量不等,就会在高差中带来这种误差的影响。因此,在实际作业中规定:只有在符合水准气泡两端的影像的分离量小于 1cm 时(这时仪器的垂直轴基本上在垂直位置),才允许使用倾斜螺旋来进行精确整平视准轴。但有些仪器转动轴 C 的装置,位于过望远镜中心的垂直几何轴线上。

②N3 精密水准仪的测微器装置。见图 3-19 所示是 N3 精密水准仪的光学测微器的测微工作原理示意图。由图可见,光学测微器由平行玻璃板、测微器分划尺、传动杆和测微螺旋等部件组成。平行玻璃板传动杆与测微分划尺相连。测微分划尺上有 100 个分格,与 10mm 相对应,即每分格为0.1mm,可估读至0.01mm。每 10 格有较长分划线并注记数字,每两长分划线间的格数值为 1mm。

当平行玻璃板与水平视线正交时,测微分划尺上初始读数为 5mm。转动测微螺旋时,传动杆就带动平行玻璃板相对于物镜作前俯后仰,并同时带动测微分划尺作相应的移动。平行玻璃板相对于物镜作前俯后仰,水平视线就会向上或向下作平行

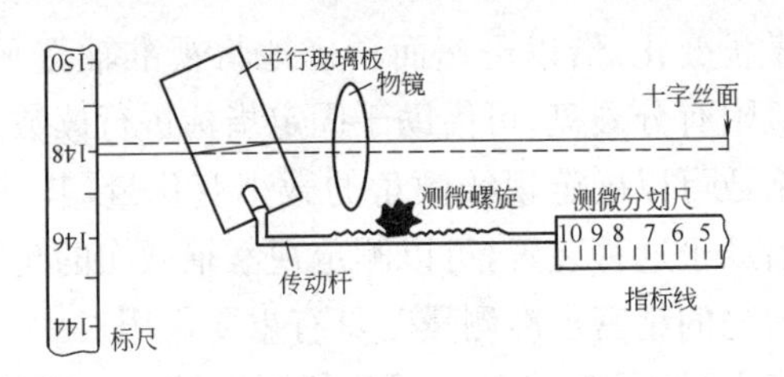

图 3-19 N3 精密水准仪的测微装置

移动。若逆转测微螺旋，使平行玻璃板前俯到测微分划尺移至10mm处，则水平视线向下平移 5mm；反之，顺转测微螺旋使平行玻璃板后仰到测微分划尺移至 0mm 处，则水平视线向上平移5mm。

在图 3-19 中，当平行玻璃板与水平视线正交时，水准标尺上读数应为 a，a 在两相邻分划 148 与 149 之间，此时测微分划上读数为 5mm，而不是 0。转动测微螺旋，平行玻璃板前俯，使水平视线向下平移与就近的 148 分划重合，这时测微分划尺上的读数为 6.50mm，而水平视线的平移量就为(6.50－5)mm，最后读数 a 为 $a=148\text{cm}+6.50\text{mm}-5\text{mm}$，即 $a=1486.50\text{mm}-5\text{mm}$。

由上述可知，每次读数中应减去常数(初始读数)5mm，但因在水准测量中计算高差时能自动抵消这个常数，所以在水准测量作业时，读数、记录、计算过程中都可以不考虑这个常数。但要切记，在单向读数时就必须减去这个初始读数。

测微器的平行玻璃板安置在物镜前面的望远镜筒内，见图 3-20。在平行玻璃板的前端，装有一块带楔角的保护玻璃，实质上是一个光楔罩，它一方面可以防止尘土侵入望远镜筒内，另一方面光楔的转动可使视准轴倾角作微小的变化，借以精确地校正视准轴与水准轴的平行性。

近期生产的新 N3 精密水准仪，望远镜物镜的有效孔径为52mm，并有一个放大倍率为 40 的准直望远镜，直立成像，能清晰地观测到离物镜 0.3m 处的水准标尺。

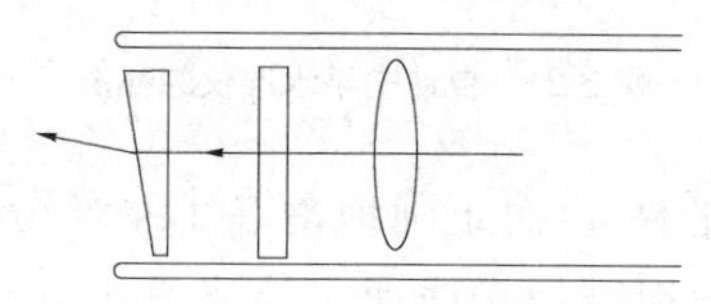

图 3-20　测微器的平行玻璃板位置

光学平行玻璃板测微器可直接读至 0.1mm，估读到 0.01mm。

微倾螺旋装置还可以用来测量微小的垂直角和倾斜度的变化。仪器备选附件有自动准直目镜、激光目镜、目镜照明灯和折角镜等，利用这些附件可进一步扩大仪器的应用范围，可用于精密高程控制测量、形变测量、沉降监测、工业应用等。

(2)自动安平水准仪简介。

用于精密水准测量中的补偿式自动安平水准仪有 Koni007、Ni002 等。下面以 Koni007 为例介绍其工作原理及结构特点。

①自动安平水准仪的补偿原理。见图 3-21 所示，当仪器的视准轴水平时，在十字丝分划板 O 的横丝处得到水准标尺上的正确读数 A；当仪器的垂直轴没有完全处于垂直位置时，视准轴倾斜了 a 角，这时十字丝分划板移到 O_1，在横丝处得到倾斜视线在水准标尺上的读数 A_1。而来自水准标尺上正确读数 A 的水平光线并不能进入十字丝分划板 O_1，这是由于视准轴倾斜了 a 角，十字分划板位移了距离 a。

现在在望远镜的光路中，离十字丝分划板 g 的地方安置一种光学组件，使来自水准标尺上读数 A 的水平光线通过光学组

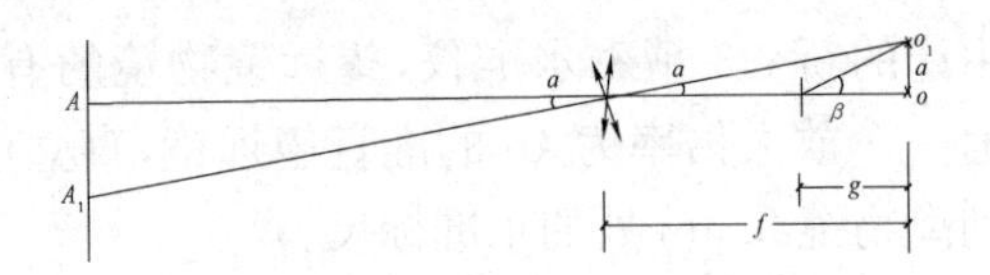

图 3-21 自动安平水准仪的补偿

件转动 b 角(或平移 a)而正确地落在十字丝分划板 O_1 的横丝处,这时来自倾斜视线的光线通过该光学组件将不再落在十字分划板 O_1 的横丝处,该光学组件称为光学补偿器。

②自动安平数字水准仪简介。数字水准仪具有测量速度快、读数客观、能减轻作业劳动强度、精度高、测量数据便输入计算机和容易实现水准测量内外业一体化的特点,国外的低精度高程测量盛行使用各种类型的激光定线仪和激光扫平仪。因此,数字水准仪定位在中精度和高精度水准测量范围,分为两个精度等级,中等精度的标准差为:1.0～1.5mm/km,高精度的为:0.3～0.4mm/km。

a.数字水准仪的基本原理。用于精密水准测量中的自动安平数字水准仪的型号主要有 LeicaNA2002/2003、Zeiss DINI10/20 以及 Topcon DL101/102 等,其中数 Zeiss DINI10/20 精度最高,每公里往返 0.3mm。数字水准仪又称电子水准仪,它是在自动安平水准仪的基础上发展起来的。它采用条码标尺,各厂家标尺编码的条码图案不相同,不能互换使用。目前照准标尺和调焦仍需目视进行。人工完成照准和调焦之后,标尺条码一方面被成像在望远镜分化板上,供目视观测;另一方面通过望远镜的分光镜,标尺条码又被成像在光电传感器(又称探测器)上,即线阵 CCD 器件上,供电子读数。因此,如果使用传统水准标尺,数字水准仪又可以像普通自动安平水准仪一样使用,不过这时的测量精度低于电子测量的精度。特别是精密数字水准仪，由于没有光学测微器，当成普通自动安平水准仪使用时，其精度更低。

当前数字水准仪采用了原理上相差较大的三种自动电子读数方法：

相关法（徕卡 NA3002/3003）；

几何法（蔡司 DINI10/20）；

相位法（拓普康 DL101C/102C）

b. 数字水准仪的特点。数字水准仪是以自动安平水准仪为基础，在望远镜光路中增加了分光镜和探测器（CCD），并采用条码标尺和图像处理电子系统，是光机电测一体化的高科技产品。采用普通标尺时，又可像一般自动安平水准仪一样使用。

数字编码自动安平水准仪为水准测量的自动化、数字化开辟了新的途径。仪器利用近代电子工程学原理，由传感器识别条形码水准标尺上的条形码分划，经信息转换处理获得观测值，并以数字形式显示或存储在计算机内。仪器 Zeiss DINI 10 内藏摆式自动安平补偿器，其补偿范围为±12′。

水准仪 Zeiss DINI10 的机械光学结构，见图 3-22。

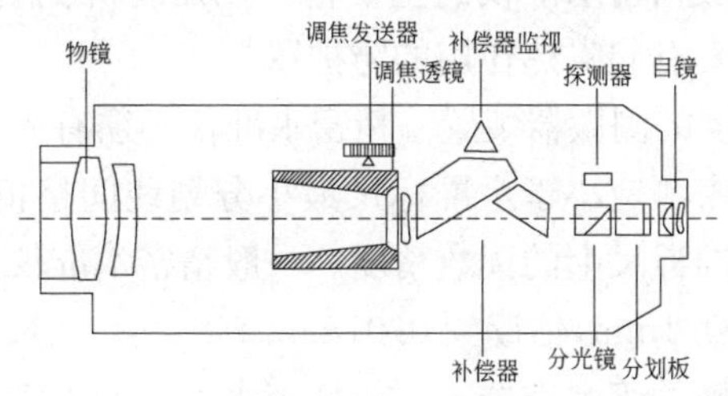

图 3-22　水准仪光学结构

观测时，经自动调焦和自动置平后，水准标尺条形码分划影像射到分光镜上，并将其分为两部分：其一是可见光，通过十字丝和目镜，供照准用；其二是红外光射向探测器，它将望远镜接收到的光图像信息转换成电影像信号，并传输给信息处理机，与机内原有的关于水准分辨率标尺的条形码进行相关处理，从而得出水准标尺上水平视线的读数。

用数字编码水准仪 Zeiss DINI10 观测时，当视距小于 50m 时，每千米双程水准测量的标准差σ，用数字读数$\sigma=\pm0.3$mm。

(3)精密水准仪和水准尺的主要特点。

①水准仪的结构特点。对于精密水准测量精度而言，除一些外界因素的影响外，观测仪器水准仪结构的精确性与可靠性具有重要意义。为此，对精密水准仪必须具备的一些条件提出下列要求：

a. 高质量的望远镜光学系统。为了在望远镜中能获得水准标尺上分划线的清晰影像，望远镜必须具有足够的放大倍率和较大的物镜孔径。一般精密水准仪的放大倍率应大于 40 倍，物镜的孔径应大于 50mm。

b. 坚固稳定的仪器结构。仪器的结构必须使视准轴与水准轴之间的关系相对稳定，不受外界条件的变化而改变它们之间的关系。一般精密水准仪的主要构件均用特殊的合金钢制成，并在仪器上套有起隔热作用的防护罩。

c. 高精度的测微器装置。精密水准仪必须有光学测微器装置。借以精密测定小于水准标尺最小分划线间格值的尾数，从而提高在水准标尺上的读数精度。一般精密水准仪的光学测微器可以读到 0.1mm，估读到 0.01mm。

d. 高灵敏的管水准器。一般精密水准仪的不定期水准器的格值为10″/2mm。由于水准器的灵敏度愈高，观测时要使水准器气泡迅速置中也就愈困难，为此，在精密水准仪上必须有倾斜螺旋（又称微倾螺旋）的装置，借以可以使视准轴与水准轴同时产生微量变化，从而使水准气泡较为容易的精确置中以达到视准轴的精确整平。

e. 高性能的补偿器装置。对于自动安平水准仪补偿元件的质量以及补偿器装置的精密度都可以影响补偿器性能的可靠性。如果补偿器不能给出正确的补偿量，或是补偿不足，或是补偿过量，都会影响精密水准测量观测成果的精度。

②精密水准尺的结构特点。水准标尺是测定高差的长度标准，如果水准标尺的长度有误差，则对精密水准测量的观测成果带来系统性质的误差影响，为此，对精密水准标尺提出如下要求。

a. 当空气的温度和湿度发生变化时，水准标尺分划间的长度必须保持稳定，或仅有微小的变化。一般精密水准尺的分划是漆在因瓦合金带上，因瓦合金带则以一定的拉力引张在尺身上，见图 3-23。

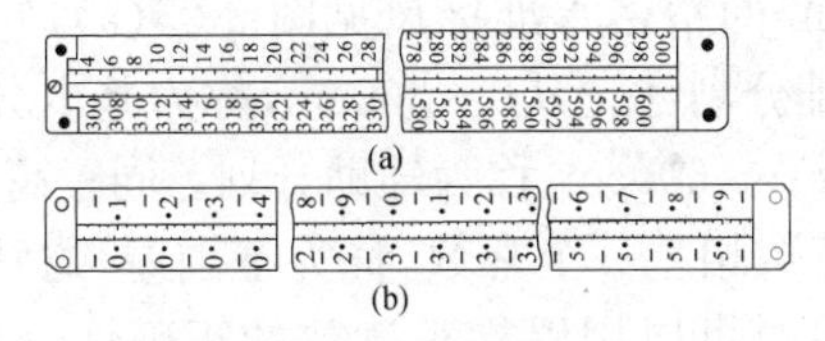

图 3-23 精密水准尺的分划

(a)基本分划；(b)辅助分划

b. 水准标尺的分划必须十分正确与精密，分划的偶然误差和系统误差都应很小。水准标尺分划的偶然和系统误差的大小主要决定于分划刻度工艺的水平，当前精密水准标尺分划的偶然中误差一般在 8～11μm。

c. 水准标尺在构造上应保证全长笔直，并且尺身不易发生长度和弯扭等变形。一般精密水准标尺的木质尺身均应以经过特殊处理的优质材料制作。为了避免水准标尺在使用中尺身底部磨损而改变尺身的长度，在水准标尺的底面必须钉有坚固耐磨的金属底板。在精密水准测量作业时,水准标尺应竖立于特制的具有一定重量的尺垫上或尺桩上。尺垫和尺桩的外形,见图 3-24。

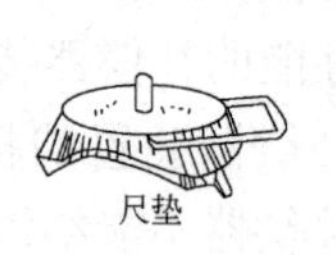

图 3-24 尺垫和尺桩的外形

d. 在精密水准标尺的尺身上应附有圆水准器装置,作业时扶尺者借以使水准标尺保持在垂直位置。在尺身上一般还应有扶尺环的装置,以便扶尺者使水准标尺稳定在垂直位置。

e. 为了提高对水准标尺分划的照准精度,水准标尺分划的形式和颜色与水准标尺的颜色相协调,一般精密水准标尺都为黑色线条分划,和浅黄色的尺面相配合,有利于观测时对水准标尺分划精确照准。

线条分划精密水准标尺的分格值有 10mm 和 5mm 两种。分格值为10mm的精密水准标尺见图 3-23(a),它有两排分划;尺面右边一排分划注记从0～300cm,称为基本分划,左边一排分划注记从 300～600cm,称为辅助分划。同一高度的基本分划与辅助分划读数相差一个常数,称为基辅差,通常又称尺常数,水准测量作业时可以用以检查读数的正确性。分格值为5mm的精密水准尺见图 3-23(b),它也有两排分划,但两排分划彼此错开 5mm,所以实际上左边是单数分划,右边是双数分划,也就是单数分划和双数分划各占一排,而没有辅助分划。尺面右边注记的是米数,左边注记的是分米数,整个注记从 0.1～5.9m,实际分格值为 5mm,分划注记比实际数值大了一倍,所以用这种水准标尺所测得的高差值必须除以 2 才是实际的高差值。

分格值为 5mm 的精密水准标尺,也有辅助分划的。

图 3-25 条形码

与数字编码水准仪配套使用的条形码水准尺见图3-25。通过数字编码水准仪的探测器来识别水准尺上的条形码，再经过数字影像处理，给出水准尺上的读数，取代了在水准尺上的目视读数。

二、水准测量和记录

1. 水准测量和记录

(1)水准点(BM)。

由测绘部门，按国家规范埋设和测定的已知高程的固定点，作为在其附近进行水准测量时的高程依据，称为永久水准点。由水准点组成的国家高程控制网，分为四个等级。一、二等是全国布设，三、四等是它的加密网。在施工测量中为控制场区高程，多在建筑物角上的固定处设置借用水准点或临时水准点，作为施工高程依据。

(2)水准测站的基本工作。

安置一次仪器，测算两点间的高差的工作是水准测量的基本工作。其主要工作内容如下。

①安置仪器。安置仪器时尽量使前后视线等长，用三脚架与定平螺旋使水准盒气泡居中。

②读后视读数(a)。将望远镜照准后视点的水准尺，对光消除视差，如用微倾水准仪则要用微倾螺旋定平水准管，读后视读数(a)后，检查水准管气泡是否仍居中。

③读前视读数(b)。将望远镜照准前视点的水准尺，按读后视读数的操作方法读前视读数(b)，注意不要忘记定平水准管。

④记录与计算。按顺序将读数记入表格中，经检查无误后，用后视读数(a)减去前视读数(b)计算出高差($h=a-b$)，再用后视点高程推算出前视点高程(或通过推算视线高求出前视点高程)。水准记录的基本要求是保持原始记录，不得涂改或誊抄。

(3)水准测量记录。

见图 3-26:由 BM1(已知高程 43.714m)向施工现场 A 点与 B 点引测高程后,又到 BM2(已知高程 44.332m)附合校测,填写记录表格,做计算校核与成果校核,若误差在允许范围内,应求出调整后的 A 点与 B 点高程,写在该点的备注中。

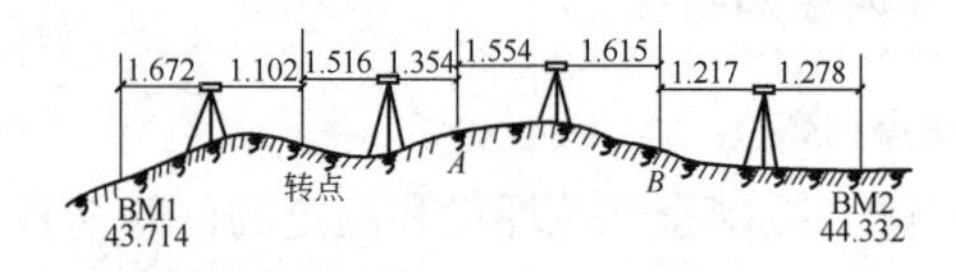

图 3-26 附合水准测量

①视线高法记录。在表 3-3 中,使用视线高法公式(3-4)计算:

$$\begin{cases} H_i = H_M + a \\ H_N = H_i - b \end{cases} \tag{3-4}$$

即: $\begin{cases}\text{视线高}=\text{已知点高程}+\text{后视读数}\\\text{欲求点高程}=\text{视线高}-\text{前视读数}\end{cases}$

表 3-3 视线高法水准记录表

测点	后视(a)	视线高(H_i)	前视(b)	高程(H)	备注
BM1	1.672	45.386		43.714	已知高程
转点	1.516	45.800	1.102	+2 44.284	
A	1.554	46.000	1.354	+4 44.446	44.450
B	1.217	45.602	1.615	+6 44.385	44.391
BM2			1.278	+8 44.324	已知高程 44.332

续表

测点	后视(a)	视线高(H_i)	前视(b)	高程(H)	备注
计算校核	$\sum_a = 5.959$ $\frac{\sum b}{\sum h} = \frac{5.349}{0.610}$	$\sum b = 5.349$	$\frac{H_{始} = 43.714}{\sum h = 0.610}$		
成果校核	实测闭合差＝44.324－44.332＝－0.008m＝－8mm 允许闭合差＝$\pm 6\sqrt{n} = \pm 6\sqrt{4} = \pm 12$mm 精度合格，每站改正数＝$-\frac{-8}{4站} = \pm 2$mm(逐站累积)				

②高差法记录。在表3-4中，使用高差法公式(3-5)计算：

$$\begin{cases} h_{MN} = a - b \\ H_N = H_M + h_{MN} \end{cases} \tag{3-5}$$

即：$\begin{cases} 高差 = 后视读数 - 前视读数 \\ 欲求点高程 = 已知点高程 + 高差 \end{cases}$

表3-4 高差法水准记录表

测点	后视(a)	前视(b)	高差(h)		高程(H)	备注
			+	−		
BM1	1.672				43.714	已知高程
转点	1.516	1.102	0.570		+2 44.284	
A	1.554	1.354	0.162		+4 44.446	44.450
B	1.217	1.615		0.061	+6 44.385	44.391
BM2		1.278		0.061	+8 44.324	已知高程 44.332

续表

测点	后视(a)	前视(b)	高差(h)	高程(H)	备　注
计算校核	$\sum a=5.959$　$\sum b=5.349$ $\sum h=0.610=0.732-0.122$　$\frac{H_{始}=43.714}{\sum h=0.610}$ $\frac{\sum b=5.349}{\sum h=0.610}$				
成果校核	实测闭合差=44.324－44.332=－0.008m=－8mm 允许闭合差=$\pm 6\sqrt{n}=\pm 6\sqrt{4}=\pm 12$mm 精度合格，每站改正数=$-\frac{-8}{4站}=+2$mm(逐站累积)				

(3)一般工程水准测量的允许闭合差($f_{h允}$)。

根据《工程测量规范》(GB 50026—2007)或《高层建筑混凝土结构技术规程》(JGJ 3—2012)规定：

$f_{h允}=\pm 20\sqrt{L}$mm

$f_{h允}=\pm 6\sqrt{n}$mm

式中　L——水准测量路线的总长(km)；

n——测站数。

(4)水准记录中的计算校核。

①计算校核公式：

$$\sum a-\sum b=\sum h=H_{终}-H_{始} \quad (3\text{-}6)$$

即：后视读数总和($\sum a$)减去前视读数总和($\sum b$)，等于各段高差总和($\sum h$)，也等于终点高程($H_{终}$)减去起点高程($H_{始}$)。见表3-3、表3-4中“计算校核”栏。

②在往返水准、闭合水准中，计算校核无误只能说明按表中数字计算没有错，不能说明观测、记录及起始点位及其高程无差错。

③在附合水准中，若实测闭合差合格，则计算校核无误不但

能说明按表中数字计算没有错，还能说明观测、记录及起始点位及其高程均没有差错。

(5)水准高程引测中的要点。

水准高程引测中连续性强，只要有一个环节出现失误，就容易出现错误或造成返工重测。

①选好镜位。仪器位置要选在安全的地方，前后视线长要适当(一般40～70m)，安置仪器要稳定，防止仪器下沉和滑动，地面光滑时一定要将三脚架尖插入小坑或缝隙中。

②选好转点(*ZD*或*TP*)。在长距离水准测量中，需要分段施测时，利用转点传递高程，逐段测算出终点高程。它的特点是既有前视读数，以求得其高程，又有后视读数，以将其高程传递下去。

选择转点首先要保证前后视线等长，点位要选在比较坚实又凸起的地方，或使用尺垫，以减少转点下沉。前后视线等长有以下好处：

a.抵消水准仪视准轴不水平产生的i角误差。

b.抵消弧面差与折光差。

c.减少对光，提高观测精度与速度。

③消除视差。十字线调清后，主要是用物镜对光使目标成像清晰，并消除视差。

④视线水平。照准消除视差后，使用微倾水准仪时，应精密定平水准管。

⑤读数准确。估读毫米数要准确、迅速，读数后要检查视线是否仍水平。

⑥迁站慎重。在未读转点前视读数前，仪器不得碰动或移动；转点在仪器未读好后视读数前，转点不得碰动或移动，否则均会造成返工。

⑦记录及时。每读完一个数，要立即做正式记录，防止记录遗漏或次序颠倒。

(6)立水准尺的要点。

①检查水准尺。尤其是使用塔尺时，要检查尺底及接口是否密合，使用过程中要经常检查接口有无脱落，尺底是否有污物或结冰。

②视线等长。立前视人要用步估后视点至仪器的距离，再用步估定出前视点位。

③转点牢固。防止转点变动或下沉，未经观测人员允许，不得碰动，否则返工。

④立尺铅直。立尺人要站正，以使尺身铅直，双手扶尺，手不遮尺面。

⑤起终点同用一尺。采取偶数站观测以使起终点用同一根尺，避免两尺“零点”不一致，影响观测成果。

2. 水准测量的成果校核

(1)往返测法。

由一个已知高程点起，向施工现场欲求高程点引测，得到往测高差($h_{往}$)后，再向已知点返回测得返测高差($h_{返}$)，当($h_{往}+h_{返}$)小于允许误差时，则可用已知点高程推算出欲求点高程。

(2)闭合测法。

由一个已知高程点起，按一个环线向施工现场各欲求高程点引测后，又闭合回到起始的已知高程点，这种测法各段高差的总和应为零(即$\sum h=0$)，若不为零，其值就是闭合差。

实测中最好不使用往返测法与闭合测法，因为这两种方法只以一个已知高程点为依据，如果这个点动了、高程错了或用错了点位，在计算最后成果中均无法发现。

(3)附合测法。

由一个已知高程点起(见图3-26中的BM7),向施工现场引测A、B点后,又到另一个已知高程点(BM4)附合校核,具体算法如下。

见图3-27,为了向施工现场引测高程点A与B,由BM7(已知高程44.027m)起,经过6站到A点,测得高差$h'_{7A}=1.326$m;由A点经过2站到B点,测得高差$h'_{AB}=-0.718$m;为了附合校核,由B点经过8站到BM4(已知高程46.647m)测得高差$h'_{B4}=2.004$m,求实测闭合差,若误差在允许范围以内,对闭合差进行附合调整,最后求出A、B点调整后的高程。

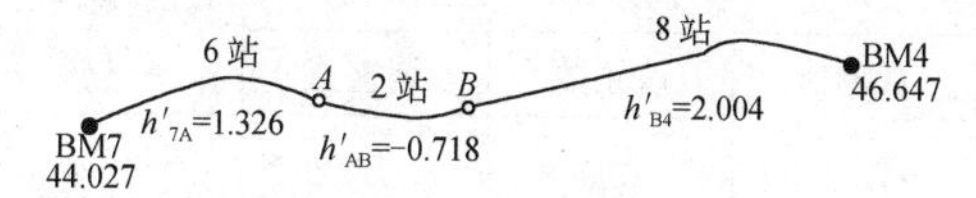

图3-27 附合水准测量

①计算实测闭合差$f_{测}$=实测高差h'-已知高差h:

$$f_{测}=(1.326-0.718+2.004)-(46.647-11.027)$$
$$=2.612-2.620=-0.008\text{m}=-8\text{mm}$$

②计算允许闭合差$f_{允}=\pm6\text{mm}\sqrt{n}$:

$f_{允}=\pm6\text{mm}\sqrt{16}=\pm24\text{mm}>f_{测}$,精度合格

③计算每站应加改正数$v=-\dfrac{闭合差}{测站数}$

$$v=-\frac{-0.008\text{m}}{16站}=0.0005\text{m}$$

④计算各段高差调整值$h=h'+v\times n$:

$h_{7A}=1.326+0.0005\times6=1.329(\text{m})$

$h_{AB}=-0.718+0.0005\times2=-0.717(\text{m})$

$h_{B4}=2.004+0.0005\times8=2.008(\text{m})$

计算校核：$\sum h=1.329-0.717+2.008=2.620(\mathrm{m})$

$\sum h=2.612+0.008=2.620(\mathrm{m})$

⑤推算各点高程：

$H_{\mathrm{A}}=44.027+1.329=45.356(\mathrm{m})$

$H_{\mathrm{B}}=45.356+(-0.717)=44.639(\mathrm{m})$

计算校核：$H_4=44.639+2.008=46.639(\mathrm{m})$与已知高程相同，计算无误。

在实际工作中为简化计算，而采取表 3-5 格式计算。

表 3-5　　附合水准成果调整表

点名	测站数	高差(h)			高程(H)	备注
		观测值	改正数	调整值		
BM7	6	+1.326	+0.003	+1.329	44.027	已知高程
A	2	−0.718	+0.001	−0.717	45.356	
B					44.639	
BM4	8	+2.004	+0.004	+2.008	④46.467	已知高程
和校核	16	+2.612 ①	+0.008 ②	+2.620 ③		

实测高差$\sum h=+2.612\mathrm{m}$

已知高差$=H_{终}-H_{始}=46.647\mathrm{m}-44.027\mathrm{m}=2.620\mathrm{m}$

实测闭合差 $f_{测}=2.612\mathrm{m}-2.620\mathrm{m}=-0.008\mathrm{m}$

允许闭合差 $f_{允}=\pm 6\mathrm{mm}\sqrt{16}=\pm 24\mathrm{mm}$　精度合格

每站改正数　$v=-\frac{f_{测}}{n}=-\frac{-0.008\mathrm{m}}{16\text{站}}=0.0005\mathrm{m}$

表 3-5 中，①值应与实测各段高差总和($\sum h$)一致；②值应与实测闭合差数值相等，但符号相反；③值应与 BM4、BM7 的已知高差相等，并作为总和校核之用；④值是由 BM7 已知高程加各段高差高速值后推算而得，应与 BM4 已知高程一致，以作计算校核。

总之，此表中的计算校核是严密的、充分的。

3. 测设已知高程

见图 3-28，根据 A 点已知高程 H_A 向龙门桩上测设 ±0.000 水平线 H_0 的方法有两种：

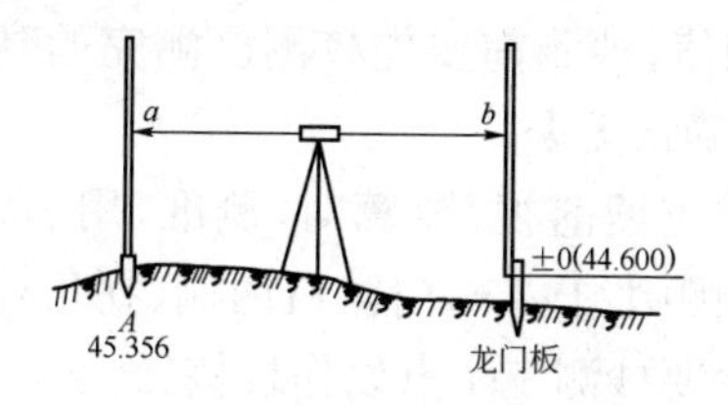

图 3-28 测设已知高程

(1)高差法。

①A 桩上立杆，在水准仪水平视线上画一点 a。

②在木杆上由 a 点向上(下)量高差 $h=H_0-H_A$ 做标志 b (h 为正时向下量、h 为负时向上量)。

③沿龙门桩侧面上下移动木杆，当 b 点与水准仪水平视线重合时，在木杆底部画水平线即为±0.000 高程线。

高差法适用于安置一次仪器要测设若干相同高程点的情况，如抄龙门板±0.000线、抄 50 水平线。

(2)视线高法。

①在 A 桩上立水准尺，以水准仪水平视线读出后视读数 a，并算出视线高 H_i。

②计算视线水平时水准尺在±0.000 处的应读前视 $b=H_i-H_0$。

③沿龙门桩侧面上下移动水准尺，当 b 点与水准仪水平视线重合时，在水准尺底部画水平线即为±0.000 高程线。

视线高法适用于安置一次仪器要测设若干不同高程点的

情况。

(3)测设已知高程的要点。

①水准仪应每个季度进行一次检校，使 $i<10''$（即 3mm/60m）。

②镜位居中，后视两个已知高程点，测得视线高差不大于 2mm 时取平均值，抄测前要先校测已测完的高程线(点)，误差小于 3mm 时，确认无误。

③高差(或应读前视)要算对、测准，用黑铅笔紧贴尺底划线，相邻测点间距小于 3m，门窗口两侧、拐角处均应设点，一面墙、一根柱至少要抄测三个点以作校核。

④小线要细，墨量适中，弹线要绷紧，以减少下垂。

⑤三脚架要稳，脚架尖插入土中(或小坑内)，每抄测一点要检查视线是否水平，每测完一站要复查后视读数，误差小于 1.5mm时方可迁站。

第 4 部分　经纬仪及角度测量操作

一、角度测量原理

确定地面定位一般要进行角度测量。角度测量包括水平角测量和竖直角测量，见图 4-1。

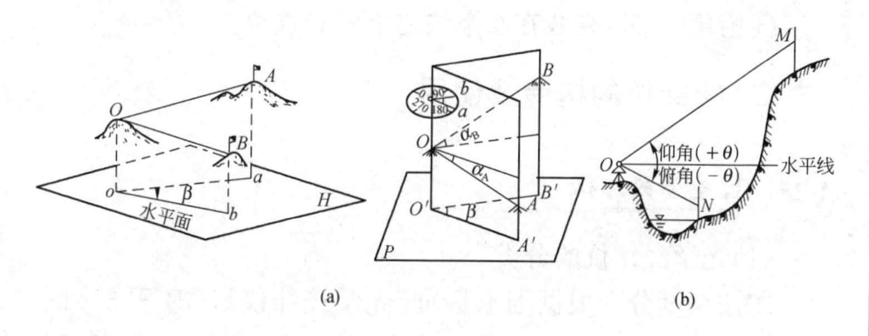

图 4-1　角度测量原理

(a)水平角测量原理；(b)竖直角测量原理

1. 水平角(β)、后视边、前视边、水平角值

图 4-1(a)中，AOB 为空中两相交直线，aob 为其在水平面上的投影。

(1)水平角(β)：两相交直线在水平面上投影的夹角，见图 4-1 中$\angle aob=\beta$。

(2)后视边：水平角的始边，见图 4-1 中 OA，其读数为后视读数。

(3)前视边：水平角的终边，见图 4-1 中 OB，其读数为前视读数。

(4)水平角值:水平角值=前视读数-后视读数:

β=(+)时为顺时针角;

β=(-)时为逆时针角。

2. 竖直角(θ)、仰角、俯角

图 4-1(b)中,OM 与 ON 为同一竖直面内的两相交直线。

①竖直角(θ):在一个竖直面内视线与水平线的夹角。

②仰角($+\theta$):视线在水平线之上的竖直角。

③俯角($-\theta$):视线在水平线之下的竖直角。

二、经纬仪的构造及使用

1. 光学经纬仪

(1)光学经纬仪的分类。

①按精度分。根据国家标准《光学经纬仪》(GB/T 3161—2003)规定,我国经纬仪按精度分为 3 级:高精密经纬仪(J07)、精密经纬仪(J1)和普通经纬仪(J2、J6)。普通经纬仪是施工测量常使用的,我国经纬仪系列的等级及其基本规格参数,见表4-1。

表 4-1　我国光学经纬仪系列的等级及其基本规格参数

<table>
<tr><th colspan="2">参数名称</th><th>单位</th><th>J07</th><th>J1</th><th>J2</th><th>J6</th></tr>
<tr><td rowspan="2">一测回水平方向标准偏差</td><td>室外</td><td>(″)</td><td>0.7</td><td>1.0</td><td>2.0</td><td>6.0</td></tr>
<tr><td>室内</td><td>(″)</td><td>0.6</td><td>1.8</td><td>1.6</td><td>4.0</td></tr>
<tr><td rowspan="2">望远镜</td><td>放大率</td><td>倍数</td><td>55、45、30</td><td>45、30、24</td><td>28</td><td>25</td></tr>
<tr><td>物镜有效孔径</td><td>mm</td><td>65</td><td>60</td><td>40</td><td>35</td></tr>
</table>

续表

参数名称		单位	J07	J1	J2	J6
水准泡角值	照准部	(″)/2mm	4	6	20	30
	竖直度盘指标	(″)/2mm	10	10	20	30
	水准盒	(′)/2mm	8	8	8	8
水平读数最小格值		(″)	0.2	0.2	1	60
主要用途			国家一等三角测量	国家二等三角测量；精密工程测量	国家三、四等三角测量；工程测量	地形测图的控制测量；一般工程测量

②按测角方式分。分为方向仪与复测仪，方向仪装有度盘变位器，也叫换盘手轮，复测仪装有度盘离合器，也叫复测机构。

③按构造分。有金属游标经纬仪、电子经纬仪和光学经纬仪。

(2)光学经纬仪的构造。

光学经纬仪是由照准部、水平度盘、基座三部分组成，见图4-2。

①照准部。是指经纬仪基座上部能绕竖轴旋转的部分。它由以下几部分组成：

a. 望远镜。用于照准远处目标。它与水平轴固定连接成一体，组装在支架上。在支架一侧设有一套控制望远镜俯仰的制动和微动旋钮。望远镜和整个照准部绕竖轴在水平方向的转动，由另一组水平制动和微动旋钮控制。

望远镜由物镜、对光透镜、十字丝网、目镜组成。

b. 竖直度盘。是固定在水平轴一端并与之垂直且二者中心重合的一个有刻度的圆盘。它随望远镜的俯仰一起旋转，是测竖直角不可缺少的装置。与其配合的还有竖直度盘指标水准管及其微动旋钮。

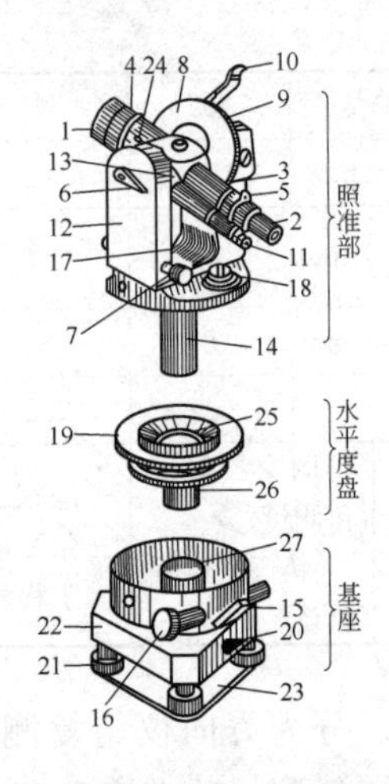

图 4-2　光学经纬仪组成部分

1—望远镜物镜；2—望远镜目镜；3—望远镜调焦环；4—准星；5—照门；6—望远镜固定扳手；7—望远镜微动旋钮；8—竖直度盘；9—竖直度盘指标水准管；10—竖直度盘水准管反光镜；11—读数显微镜目镜；12—支架；13—水准轴；14—竖直轴；15—照准部制动旋钮；16—照准部微动旋钮；17—水准管；18—圆水准器；19—水平度盘；20—轴套固定旋钮；21—脚旋钮；22—基座；23—三角形底板；24—罗盘插座；25—度盘轴套；26—外轴；27—度盘旋转轴套

c. 读数设备。是一组比较复杂的光学系统。它分别把水平度盘、竖直度盘及测微器的分划影像，反映到望远镜旁的读数显微镜内。

d. 水准管。是将经纬仪的竖轴调制竖直和将水平度盘调制水平的部件。

e. 竖轴。即照准部旋转轴，它插入在筒形轴座内。

②水平度盘。

a. 水平度盘构造：水平度盘由光学玻璃制成，其度盘刻划由

0°～360°，按顺时针方向注记。水平度盘固定在空心轴的外侧，并套在筒状轴座外面，可绕竖轴旋转。

b. 水平度盘转动装置。

第一，复测扳手控制水平度盘转动。

复测扳手固定在照准部外壳上，将复测扳手扳上，则照准部与水平度盘分离，照准部转动水平度盘不动，读数随照准部转动而改变；将复测扳手扳下，则照准部与水平度盘结合，转动照准部水平度盘随之转动，读数不变。

第二，水平度盘变换手轮控制水平度盘转动。

装置水平度盘变换手轮的仪器，转动照准部时，水平度盘不随之转动，如要改变水平度盘读数，则可通过转动水平度盘变换手轮来实现。

③基座。经纬仪的基座与水准仪相似，主要包括轴座、脚旋钮和连接板等。有的仪器还在基座或照准部上装有光学对中器，代替垂球对中，见图 4-3。光学对中器是由目镜、分划板、物镜和转向棱镜组成的小型折式望远镜。使用时，先将仪器调平，再移动基座使对中器中的十字丝或小圆圈中心对准地面标志中心。

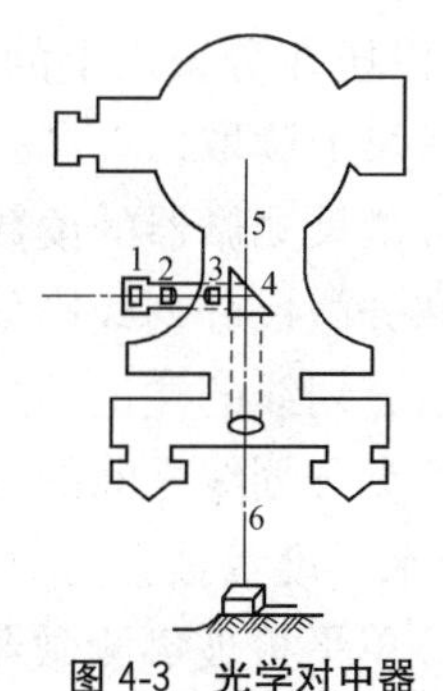

图 4-3　光学对中器

1—目镜；2—分划板；3—物镜；4—旋转棱镜；5—竖轴轴线；6—光学垂线

(3)光学经纬仪的读数。

①读数装置。

a. 度盘：光学经纬仪上的水平度盘和竖直度盘都是用玻璃制成的圆盘，一般把整个圆周划分为 360°。度盘上相邻两分划间的弧长所对的圆心角称为度盘分划值，一般为 60′、30′或 20′，水平度盘分划按顺时针方向每度注记数字。

b. 测微器：度盘上小于度盘分划值的读数是利用测微器读出的，光学经纬仪上的测微装置有：

分微尺测微器和单平板玻璃测微器两种。

②读数方法。

a. 分微尺测微器的读数方法，见图 4-3。

此种装置的经纬仪，在读数显微镜内能看到两条带有分划的分微尺以及水平度盘(H)和竖直度盘(V)分划的影像。水平度盘和竖直度盘上相邻两分划影像的间隔与分微尺的全长相等。由图 4-3 可看出度盘分划值为 1°，分微尺全长读数值亦为 1°。分微尺等分成 6 大格，每大格分为 10 小格。因此，分微尺每一大格代表 10′，每一小格代表 1′，可估读到 0.1′，即 6″。读数时，以压在分微尺上的度盘刻划，读出整度数，小于 1°的数值在分微尺上读取。

分微尺测微器的读数方法是：对读数显微镜调焦，使度盘分划线和分微尺分划线影像清晰。读数时，先读重叠在分微尺上的度盘分划线的注记，即度数。然后，再读出分微尺上 0 指标线至该度盘分划线之间的分、秒数，两数之和即得度盘读数。见图 4-4 中水平度盘读数为218°54′00″，竖直度盘读数为 80°06′00″。

b. 单平板玻璃测微器的读数方法，见图 4-5。

这种装置的 J6 级型经纬仪，在读数显微镜内能看到三个读数窗。上面小窗口有测微尺分划和较长的单指标线；中间窗口有竖直度盘分划和双指标线；下面窗口有水平度盘分划和双指标线。度盘分划值为 30′，测微尺上分成 30 大格(度盘分划值为 60′，测微尺分成 60 大格)由0～30，每 5 大格注一相应数字，每大格分成 3 小格。因此，测微尺上每大格为 1′，一小格为 20″，可估读到 2″。

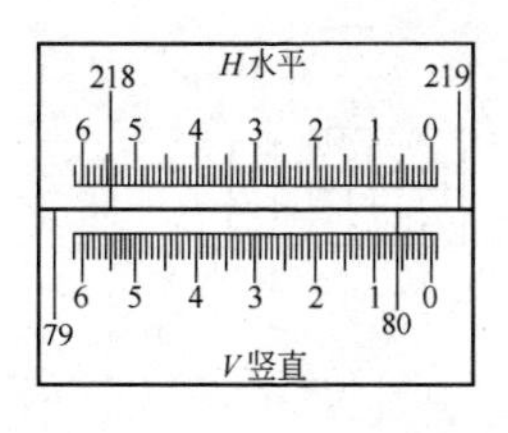

图 4-4　分微尺测微器读数窗

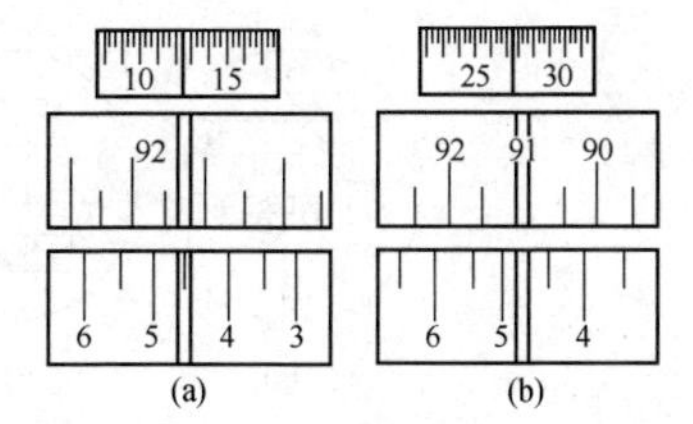

图 4-5　单平板玻璃测微器读数窗

单平板玻璃测微器的读数方法是:先转动测微轮,使度盘上某一分划精确移至双指标线中央,读取该分划的度盘数值。再在测微尺上根据单指标线,读取 30′以下的分、秒数,两数相加,即得完整的度盘读数。见图 4-5(a),水平度盘读数为 4°30′+12′4″=4°42′40″;图 4-5(b)中,竖直度盘读数为 91′+27°30″=91°27′30″。

③J2 级光学经纬仪的读数系统。J2 级光学经纬仪是使用测微轮读数,为了在一次读数中,能抵消度盘偏心差的影响,均是通过度盘一直径两端的棱镜将其影像复合重叠在一起。见图 4-6(a)中,右下侧的三条横线的上面的三条竖线与下面的三竖线分别是度盘一直径两端的三条度盘分划线,当转动测微轮使上、下三条分划线重合时,才能读数——此读数中已抵消度盘偏心差。

J2 级光学经纬仪从读数显微镜中一次只能看到一个度盘影像,通过度盘换像螺旋来选择水平度盘或竖直度盘。照准目标后,不能立即读数,需先转动测微轮,使右下侧度盘分划线上下对齐,然后在右上侧读度盘上的“度”和“十分”,在左下侧的测微轮上读“分”和“秒”(左侧为“分”,右侧为“秒”),最小分划为 1″。图 4-6(a)为北京光学仪器厂生产的 J2 级光学经纬仪的读数窗,其读数为 73°12′36″。

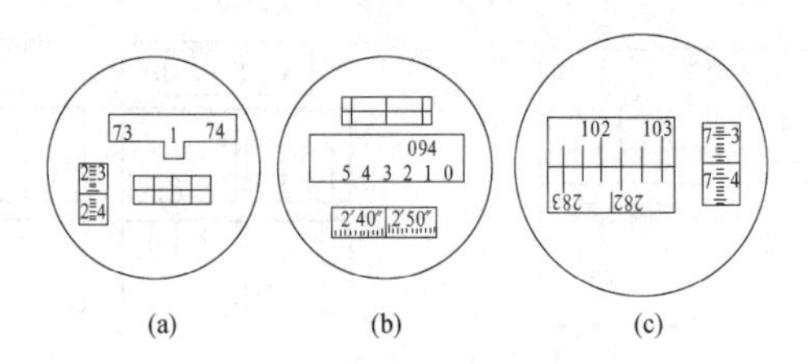

(a)
(b)
(c)

图 4-6　J2 级光学经纬仪读数

(a)°读数;(b)′读数;(c)″读数

2. 电子经纬仪

1963 年德国芬奈厂研制成编码电子经纬仪,也叫数字经纬仪。它是在第二代光学经纬仪的基础上,用编码度盘光电转换等技术获得水平度盘及竖直度盘的数字显示的经纬仪。

(1)基本构造。

其构造是将光学经纬仪的刻度玻璃盘,改为编码度盘。目前多数电子经纬仪采用增量式编码度盘,见图4-7,在度盘的圆周上等间距刻有黑色分划线(最多可刻 21600 根,相当于角度 1′)。

(2)工作原理。

电子经纬仪数字显示的工作原理是:将度盘分划置于发光二极管和光敏二极管之间,当度盘与发光和接收元件之间有相对转动时,光线被度盘分划线间断遮隔,光敏二极管断续收到光信号,转变成电信号以确定度盘的位置。

增量式编码器的结构示意见图 4-8。发光二极管发出的光线,经过准直透镜将散射光变成平行光,穿过主度盘和副度盘,主度盘上的分划线分布在整个圆周上,副度盘在度盘的对径分划处刻有与主度盘相同的分划线,光敏二极管接收穿过主度盘和副度盘的平行光作为接收传感器。

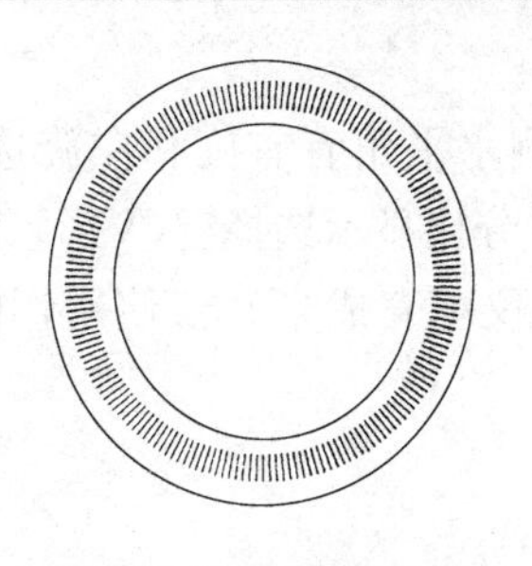

图 4-7　增量式编码度盘

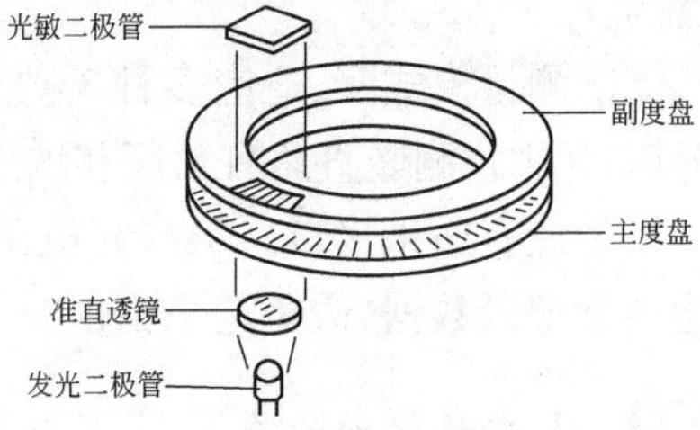

光敏二极管
副度盘
主度盘
准直透镜
发光二极管

图 4-8　增量式编码器结构

当其中一块度盘转动时，产生两个度盘分划线的重合或错开，使光敏二极管接收到明暗有周期变化的调制光，见图 4-9。如果主度盘上有 21600 根分划线，明暗变化一周所代表转过的角度为 1′，明暗变化的周期数即为转过角度的整分数，再根据一个周期中明暗变化的规律，内插求得小于 1′的角度读数。一般电子经纬仪的角度最小显示值为 1″～5″。图 4-10 为北京光学仪器厂生产的 J2 级电子经纬仪。

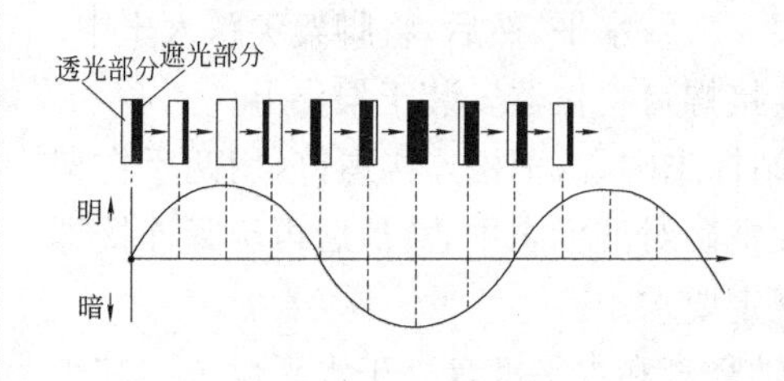

图 4-9　明暗周期变化的调制光

图 4-10　电子经纬仪

(3)特点。

①按键操作、数字显示。水平度盘设有锁定键(HOLD)和置 0 键(0 SET)，当照准起始方向按置 0 键后，水平度盘显示 0°00′00″。水平度盘与竖直度盘均以数字显示读数，速度快、精

度高。

②测量模式多、适应多种需要。测水平角有右旋和左旋选择键(R/L),测竖直角有角度和坡度百分比显示选择键(V%)。

③设有通讯接口。可与光电测距仪配套成半站仪使用,并能自动记录数据,避免记录错误。

3. 经纬仪的使用

(1)经纬仪安置。

①对中。使仪器中心与测站点标志中心位于同一铅垂线上,称为对中。其方法有两种:用垂球对中或光学对中器对中。此处介绍垂球对中。

a. 打开三脚架,调节脚架腿长度,使其便于观测。

b. 将脚架置于测站点上方,将架头中心粗略对准测站点标志中心,使架头大致水平。

c. 将垂球挂于脚架小钩上,调节脚架位置使垂球尖大致对准测站标志中心,并使架头大致水平,然后,将脚架尖踩入土中。

d. 取出经纬仪,用连接螺钉将仪器安装于架头上。

e. 如垂球尖偏离测站标志中心,稍松连接螺钉,用两手在架头上平移仪器,使垂球尖精确对准标志中心,最后再旋紧连接螺钉,对中误差不得超过规定要求。

②调平。使仪器竖轴竖直和水平度盘处于水平位置。其步骤如下:

a. 转动照准部,使照准部水准管平行于任意两个脚旋钮的连线方向,见图 4-11(a)。

b. 两手同时向内或向外旋转这两个脚旋钮,使气泡居中。

c. 将照准部旋转 90°,然后旋转第三个脚旋钮,使气泡居中,见图 4-11(b)。

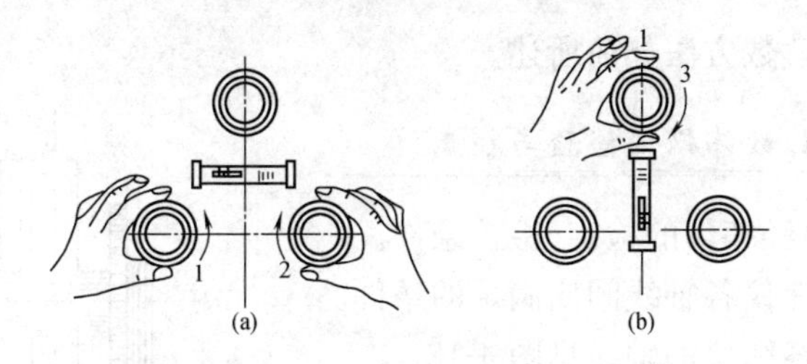

图 4-11　旋转脚旋钮调平

d. 以上步骤反复进行，直至水准管在任何位置气泡均居中为止，居中误差不大于 1 格。

对中和调平要反复多次进行，直到两项要求全部达到为止。

(2)调焦和照准。

①目镜对光。调节目镜，使十字丝清晰。

②松开望远镜制动旋钮和照准部制动旋钮，利用照门、准星(或瞄准器)瞄准目标，使在望远镜内能看到目标物像，然后，旋紧上述两个制动旋钮。

③物镜对光。旋转物镜对光旋钮，使物像清晰，并注意消除视差。

视差是当物像与十字丝网平面不重合时，眼睛靠近目镜微微上下移动，可看见十字丝网的横丝在水准尺上的读数也随之变动，这种现象叫视差，它将影响读数的正确性。消除视差的办法是仔细转动物镜对光旋钮，直至物像与十字丝网平面重合。

④旋转望远镜和照准部微动旋钮，使十字丝网竖丝精确地照准目标中心线。

(3)读数。

①打开反光镜，调整其位置，使读数窗内进光明亮均匀。

②进行读数显微镜调焦，使读数窗内分划清晰，并消除视差。

③读数方法如前所述。

4. 经纬仪的检验与校正

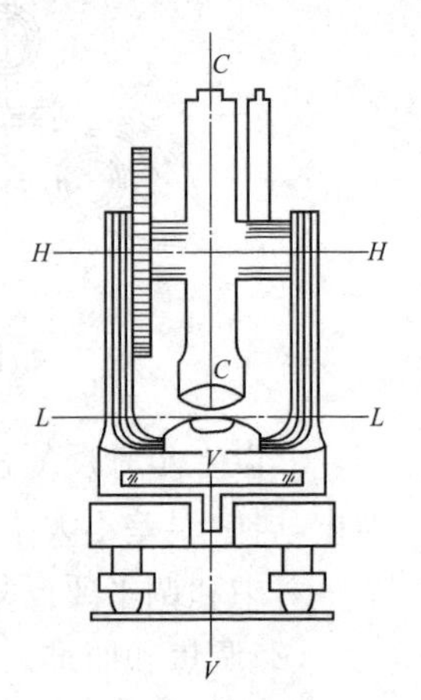

图 4-12 经纬仪轴线

(1)经纬仪的检定、检校条件。

经纬仪各轴线间应满足的条件。

①经纬仪的轴线见图 4-12。

a. 望远镜视准轴(CC)。

b. 水准管轴(LL)。

c. 仪器竖轴(VV)。

d. 照准部水平轴(HH)。

②经纬仪轴线应满足的条件:

a. $LL \perp VV$:水准管轴垂直于竖轴。

b. 十字丝纵丝应垂直于水平轴。

c. $CC \perp HH$:视准轴应垂直于水平轴。

d. $HH \perp VV$:水平轴应垂直于竖轴。

e. 当望远镜视准轴水平,竖直度盘指标水准管气泡居中时,指标读数应为 90°的整倍数。

(2)检定项目。

①光学经纬仪的检定。根据《光学经纬仪》(JJG 414—2011)规定,共检定 15 项,见表 4-2。检定周期一般为一年。

表 4-2　光学经纬仪检定项目一览表

序号	检定项目	检定类别		
		首次检定	后续检定	使用中检查
1	外观及各部件的相互作用	+	+	+
2	水准器轴与竖轴的垂直度	+	+	+
3	照准部旋转正确性	+	−	−

续表

序号	检定项目	检定类别		
		首次检定	后续检定	使用中检查
4	望远镜十字分划板竖丝的铅垂性	+	+	+
5	视准轴与横轴的垂直度	+	+	—
6	横轴与竖轴的垂直度	+	+	+
7	竖盘指标差	+	+	+
8	望远镜调焦运行误差	+	+	—
9	光学对中器对中误差	+	+	+
10	竖盘指标自动补偿误差	+	+	—
11	一测回水平方向标准偏差	+	+	—
12	一测回竖直角测角标准偏差	+	—	—

注:检定类别中;“+”表示需检项目,“—”表示不需检项目。

②电子经纬仪的检定。根据《全站型电子速测仪检定规程》(JJG 100—2003)规定,共检定13项,见表4-3。检定周期为一年。

表4-3　　电子测角系统的检定项目表

序号	检定项目	检定类别		
		首次检定	后续检定	使用中检定
1	外观及一般功能检查	+	+	+
2	基础性调整与校准	+	+	+
3	水准管轴与竖轴的垂直度	+	+	+
4	望远镜十字线竖线对横轴的垂直度	+	+	—
5	照准部旋转的正确性	+	±	—

续表

序号	检定项目	检定类别		
		首次检定	后续检定	使用中检定
6	望远镜视准轴对横轴的垂直度	+	+	—
7	照准误差 c、横轴误差 i、竖盘指标差 I	+	+	+
8	倾斜补偿器的零位误差、补偿范围	+	+	—
9	补偿准确度	+	+	+
10	光学对中器视准轴与竖轴重合度	+	+	—
11	望远镜调焦时视准轴的变动误差	+	±	—
12	一测回水平方向标准偏差	+	+	—
13	一测回竖直角测角标准偏差	+	±	—

注：检定类别中“＋”号为应检项目；“－”号为不检项目；“±”号可检可不检定项目，根据需要确定。

(3)检校。

①经纬仪检校的主要项目。

a. 照准部水准管轴垂直竖轴($LL \perp VV$)：目的是定平照准部水准管时，使竖轴处于铅垂位置，以保证水平度处于水平位置。

b. 视准轴垂直横轴($CC \perp HH$)：目的是当望远镜绕横轴纵向旋转，使视准轴的轨迹为一平面，否则为一圆锥面。

c. 横轴垂直竖轴($HH \perp VV$)：目的是当 $LL \perp VV$ 与 $CC \perp HH$ 的情况下，望远镜纵向旋转，使视准轴的轨迹为一铅垂平面，否则为一斜平面。

②照准部水准管轴(LL)垂直竖轴(VV)的检校。

a. 精密定平照准部水准管，见图 4-13(a)。此时水准管轴(LL)水平，但竖轴(VV)倾斜 δ。

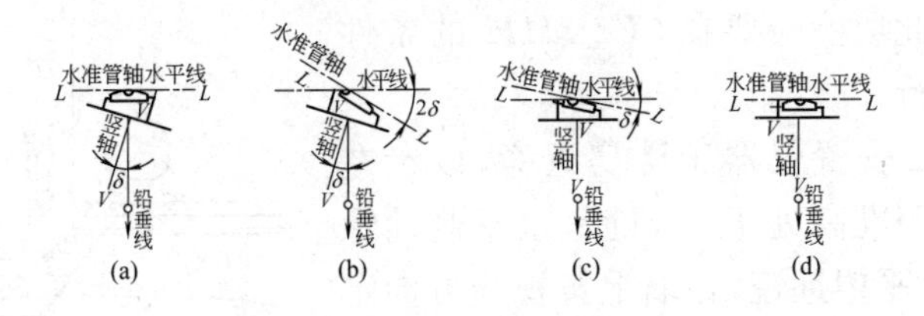

图 4-13　$LL\perp VV$ 的检校

b. 平转照准部 180°，若气泡仍居中，则 $LL\perp VV$；若气泡偏离中央，见图 3-13(b)，则需要校正，此时水准管轴(LL)倾斜 2δ。

c. 转动定平螺旋使气泡退回偏离值的一半，见图 4-13(c)，此时 VV 铅垂，但水准管轴(LL)倾斜 δ，即等偏定平。

d. 用拨针调整水准管一端的校正螺丝，使气泡居中，即 LL 水平，则 $LL\perp VV$，见图 4-13(d)。

③视准轴(CC)垂直横轴(HH)的检校。

a. 用盘左延长直线 AO，至 B_1，见图 4-14(a)，此时 B_1 偏离 AO 的正确延长点 B、$\angle B_1OB=2c$。

b. 用盘右延长直线 AO 至 B_2，见图 4-14(b)，此时 B_2 向另一侧偏 B 点、$\angle B_2OB=2c$，即 B 点正处于 B_1 与 B_2 的正中位置即延长直线的原理。

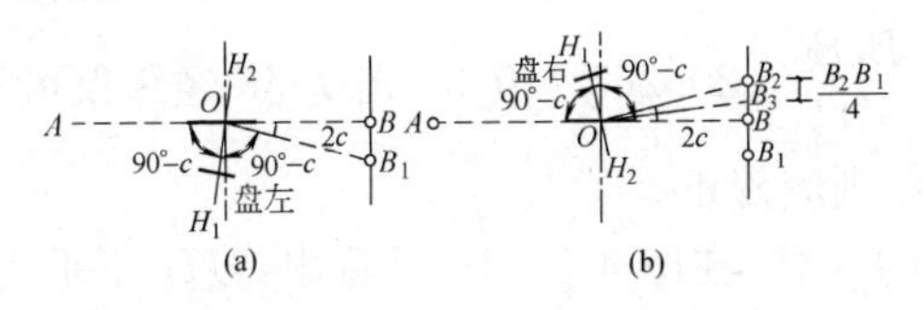

图 4-14　$CC\perp HH$ 的检校

c. 用拨针转动十字线分划板的左右校正螺丝，使视准轴 CC 由 B_2 向 B_1 方向移动 $\frac{1}{4}B_1B_2$ 则 $CC\perp HH$。

④横轴(HH)垂直竖轴(VV)的检校。

此项检验要在 $CC \perp HH$ 的条件下进行。

a. 安置仪器于楼房近旁，以盘左位置照准高处 P 点，旋紧水平制动螺旋，放平望远镜，在墙上按视线方向定出 P_1 点，见图 4-15。

图 4-15　$HH \perp VV$ 的检验

b. 以盘右位置照准 P 点后，放平望远镜，在墙上按视线方向定出 P_2 点，若 P_1P_2 点重合，则 $HH \perp VV$，否则需要校正。

由于这项校正较复杂，应由专业人员进行。当前生产的仪器 $HH \perp VV$ 这项要求在出厂前均由厂方在组装中给以保证。

⑤J6、J2 经纬仪 c 角与 i 角的限差与测定。

a.《光学经纬仪》(JJG 414—2011)规定：J6 经纬仪 $c \leqslant 10''$、$i \leqslant 20''$，J2 经纬仪 $c \leqslant 8''$、$i \leqslant 15''$。

b. c 角的计算：在图 4-14 中，可看出 CC 不垂直于 HH 的误差$c = \dfrac{B_1B_2}{4D} \times 206265''$。

例如：若 $D = OB = 50\text{m}$、$B_1B_2 = 9\text{mm}$，计算 c 值。

即：$c = \dfrac{B_1B_2}{4D} \times 206265'' = 9.3''$，若为 J6 经纬仪可不校正，若为 J2 经纬仪则应校正。

c. i 角的计算：在图 4-14 中，可看出：HH 不垂直于 VV 的误差$i = \dfrac{P_1P_2}{2D} \cot\theta \times 206265''$。

例如：若 $D = 35\text{mm}$、$P_1P_2 = 4\text{mm}$、$\theta = 32°26'42''$，计算 i 的值。

即：$i = \dfrac{P_1P_2}{2D} \cot\theta \times 206265'' = \dfrac{4\text{mm}}{2 \times 35\text{mm}} \cot 32°26'42'' \times$

206265″=18.5″

若为J6经纬仪可不校正,若为J2经纬仪则应校正。

⑥竖盘指标水准管的检校。

安置经纬仪后,在20~30m外立一水准尺,按以盘左、盘右读出水准读数 a_1 和 a_2,若 $a_1=a_2$ 则说明竖盘指标差为0,即指标水准管正确。若 $a_1\neq a_2$,说明有竖盘指标差,指标水准管需要校正。校正方法是用望远镜微动螺旋将视准轴对准 $\frac{1}{2}(a_1+a_2)$ 读数上(此时视准轴正水平),用竖盘指标微倾螺旋将竖盘数90°00′00″(盘左),此时指标水准管气泡偏离中央,用拨针转动水准管校正螺丝使气泡居中即可。现代光学经纬仪的竖盘指标均匀自动补偿,故这项只是为检查竖盘指标差,而不进行校正。

⑦光学对中器视准与竖轴(*VV*)不重合的检校。

光学对中器是经纬仪的对中设备,包括物镜、分划板(十字线)与目镜。

分划板刻划中心与对中器物镜中心的连线是对中器的视准轴,应与仪器竖轴重合。检校步骤如下:

a.在平坦的场地上安置经纬仪,通过对中器刻划中心在地面上定出一点。

b.依次平转照准部90°、180°、270°再定出三点,若四点重合,则对中器视准轴与仪器竖轴重合,否则需要校正。

c.定出四点连线的中心 *O*,取下护盖,露出棱镜座,调整校正螺丝,移动分划板使刻划中心与 *O* 点重合为止。

(4)经纬仪的保养与维修。

①经纬仪的正确使用与保养。正确使用仪器是保证观测精度和延长仪器使用年限的根本措施,测量人员必须从思想上重视、行动上落实。正确使用与保养经纬仪除遵守“三防”、“两护”

外还要注意以下几点。

a. 仪器的出入箱和安置。仪器开箱时应平放，开箱后应记清主要部件(如望远镜、竖盘、制微动螺旋、基座等)和附件在箱内的位置，以便用完后按原样入箱。仪器自箱中取出前，应松开各制动螺旋，一手持基座、一手扶支架将仪器轻轻取出。仪器取出后应及时关闭箱盖，并不得坐人。

测站应尽量选在安全的地方，必须在光滑地面安置仪器时，应将三脚架尖嵌入缝隙内或用绳将三脚架捆牢。安置脚架时，要选好三脚方向，架高适当、架首概略水平，仪器放在架首上应立即旋紧连接螺旋。

观测结束仪器入箱前，应先将定平螺旋和制微动螺旋退回至正常位置，并用软毛刷除去仪器表面灰尘，再按出箱时原样就位入箱。检查附件齐全后可轻关箱盖，箱口吻合方可上锁。

b. 仪器的一般操作：仪器安置后必须有人看护、不得离开，施工现场更要注意上方有无坠物以防摔砸事故。一切操作均应手轻、心细、稳重，定平螺旋应尽量保持等高。制动螺旋应松紧适当、不可过紧，微动螺旋在微动卡中间一段移动，以保持微动效用。操作中应避免用手触及物镜、目镜，阳光下或有零星雨点时应打伞。

c. 仪器的迁站、运输和存放：迁站前，应将望远镜直立(物镜朝下)，各部制动螺旋微微旋紧，垂球摘下并检查连接螺旋是否旋紧。迁站时，脚架合拢后，置仪器于胸前，一手紧握基座，一手携持脚架于肋下，持仪器前进时，要稳步行走。仪器运输时不可倒放，更要做好防震防潮工作。

仪器应存放在通风、干燥、温度稳定的房间里。仪器柜不得靠近火炉或暖气管。

d. 对电子经纬仪要注意电池与充电器的保护与保养。

②竖轴的维修。仪器照准部的转动要求轻松自如，平滑均匀，没有紧涩、卡死、松紧不一、晃动等现象。仪器照准部旋转出现紧涩或晃动，多属轴系部分故障所引起。维修方法与水准仪竖轴维修基本相同，但要注意以下几点：

a. 竖轴位置的高低不合适，也可引起仪器转动紧涩。当发现竖轴转动稍有紧涩时，可通过竖轴轴套的调节螺丝调整竖轴位置的高低来解决。

b. 竖轴或轴套变形，会引起竖轴旋转紧涩或卡死。当变形量很小时，可用研磨竖轴或轴套的方法进行修复。在研磨过程中要勤试，千万不能磨成竖轴与轴套之间间隙过大而引起照准部晃动。

c. 照准部转动时出现晃动现象，其原因之一是竖轴与轴套之间因磨损而致间隙过大；之二是竖轴与托架的连接螺丝松动，或者轴套与基座的连接螺丝松动。对原因之一造成的晃动，只能将竖轴拔出，进行清洁后，换装黏度较大的精密仪表油；对原因之二引起的晃动，只需将竖轴拔出，旋紧有关连接螺丝即可。

③读数系统的维修。

a. 视场全黑：虽然用强光直接照射进光窗仍然什么都看不见，这说明仪器由于受震或温度剧变后致使光学零件发生位移、脱落或碎裂，光线无法进入视场。此时须将仪器拆开，逐个检查光学零件。

b. 视场发暗：用强光照射进光窗时，可以看到读数窗和分划线的模糊阴影，这说明大部分光学零件生霉或污垢所致。仪器需要大清洗。

视场局部发暗，但分划线清楚，这说明光路中棱镜位置发生变化所致，特别是进光棱镜位置的变化。

利用经纬仪正、倒镜观察，若阴暗程度及位置有变化，而且阴暗的位置在视场的四周，这是由于横轴镜位置不正确引起的。

视场中某一位置有阴影，当度盘分划线进入此区域时也随之模糊，这是在度盘读数显微镜系统的光学零件表面生霉或有污物所致。当调节读数目镜时，若污物与测微器、刻划线同时清晰，则污物在刻划线面上，反之则在刻划线的反面。进一步可旋下读数目镜调节环的限位螺丝，以便在较大范围内调节读数目镜，以判断污物所在位置。

视场污物是在水平度盘、竖直度盘、测微尺（或盘）、读数显微镜上轮廓较清晰的污物，都是随调节过程而移动的，极易区别。污物主要是灰尘、水气、霉斑、油渍等。

凡是霉斑及其他污物引起的视场发暗或是棱镜位置移动致使视场发暗，只需将有关棱镜拆下来清洗，然后再经装调即可解决。若是棱镜破碎，就要更换零件。

c. 分划像歪斜：分划像歪斜是由照明棱镜以后的各棱镜位置变动所致。由于仪器的结构形式各不相同，光路也不尽相同，因此要根据每种仪器的结构具体加以判断。

④读数窗与有分划线的光学零件的清洁。测量仪器中大部分光学零件都设计有保护玻璃，在清洁时要防止清洁液侵入胶合面而引起脱胶。对没有保护玻璃的光学零件，应注意不要将分划线擦掉，尤其是有少数仪器度盘的底层是照相底板，其感光层最怕水，只宜用无水乙醇或乙醚擦拭。在没有弄清底层结构之前，清洁时应先在无分划线的边部擦拭，待搞清其结构之后，再擦分划线部分。有的仪器分划线是上色的，清洁时要注意不要将分划线的颜色擦掉。

清洁真空镀铬的读数窗及带有分划的光学零件时，可从反射光方向上去观察分辨，分划线（或读数窗底面）一面是白的，像镜面那样光亮的是镀铬的；另一面（感光层）是呈黑色的。这类光学零件在成像过程中都要被放大观察，因此对零件表面要求都比较高，用肉眼观察不到的小擦痕，经放大后观察，往往就是不能容许的。所以在清洁时要特别小心，用料要极钝，其擦拭方式应垂直于分划线作单向运动。

由于度盘面积较大，一次不易清洁干净，所以应先做全面擦拭后，再在读数显微镜中分段检查，逐步清洁度盘上残存的污点。

在整个光学零件清洗过程中，严禁将镜片浸入清洗液中，并且严禁手指触摸光学零件及与成像光路有关部分，清洁后的光学零件应放在红外线下干燥后再重新组装。光学零件上的浮灰可用吹耳球吹掉。

三、水平角测量和记录

水平角测量常用测回法和方向法，具体方法一般是根据所使用的仪器、测角的精度要求和目标的多少而定。

1. 测水平角的准备工作

(1)人员配备：仪器观测1人，记录1人，目标点竖立标志数人。

(2)仪器、工具配备：经纬仪1台，脚架1个，垂球1只，标杆或测钎数根，观测记录簿、铅笔、小刀等。

(3)检校经纬仪。

2. 测回法测水平角

适用于观测两个方向之间的单个角度。测水平角 AOB，见图4-16。

(1)安置经纬仪于 O 点，对中调平。

(2)在目标点 A、B 上竖立标杆或测钎。

(3)盘左位置观测，称为上半测回。

①顺时针旋转照准部，瞄准左边目标 A，读取水平度盘读数 $a_{左}$（$0°00'30''$），记入观测记录簿，见表 4-4；

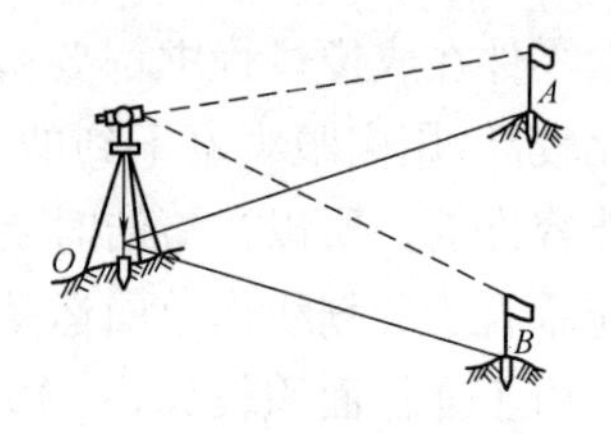

图 4-16　测回法测水平角 AOB

表 4-4　测回法观测记录簿

<table>
<tr><th>测站</th><th>竖盘位置</th><th>目标</th><th>水平度盘读数
(°)(′)(″)</th><th>半测回角值
(°)(′)(″)</th><th>一测回角值
(°)(′)(″)</th><th>各测回平均角值
(°)(′)(″)</th><th>备注</th></tr>
<tr><td rowspan="4">第一测回
O</td><td rowspan="2">左</td><td>A</td><td>0 00 30</td><td rowspan="2">65 07 42</td><td rowspan="4">65 07 45</td><td rowspan="8">65 07 48</td><td rowspan="8"></td></tr>
<tr><td>B</td><td>65 08 12</td></tr>
<tr><td rowspan="2">右</td><td>A</td><td>180 00 42</td><td rowspan="2">65 07 48</td></tr>
<tr><td>B</td><td>245 08 30</td></tr>
<tr><td rowspan="4">第二测回
O</td><td rowspan="2">左</td><td>A</td><td>90 01 24</td><td rowspan="2">65 07 48</td><td rowspan="4">65 07 51</td></tr>
<tr><td>B</td><td>155 09 12</td></tr>
<tr><td rowspan="2">右</td><td>A</td><td>270 01 36</td><td rowspan="2">65 07 54</td></tr>
<tr><td>B</td><td>335 09 30</td></tr>
</table>

②顺时针旋转照准部，瞄准右边目标 B，读取水平度盘读数 $b_{左}$（$65°08'12''$），记入记录簿。

③计算水平角 $\beta_{左}$：

$$\beta_{左} = b_{左} - a_{左} = 65°07'42''。$$

(4)盘右位置观测，称为下半测回。

①瞄准右边目标 B，读数 $b_{右}$（$245°08'30''$），记入记录簿。

②逆时针旋转照准部，瞄准左边目标 A，读数 $a_{右}$（$180°00'$

42″)，记入记录簿。

③计算水平角 $\beta_{右}$：

$$\beta_{右} = b_{右} - a_{右} = 65°07'48''。$$

(5)计算水平角 β：

①$\Delta\beta = \beta_{左} - \beta_{右} \leqslant \pm 40''$时：

$$\beta = \frac{1}{2}(\beta_{左} + \beta_{右}) = 65°07'45''。$$

②$\Delta\beta > \pm 40''$时，重测。

(6)注意事项：

①半测回角值必须是右目标读数减左目标读数，当不够减时，右目标读数加 360°再减。

②通常起始方向度盘配置在稍大于 0°的位置，便于计算。

③当测角精度要求较高时，往往需要测 n 个测回。各测回起始方向度盘配置，按$\frac{180°}{n}$递增，n 为测回数。如 n 为 3，第一测回起始方向略大于 0°，第二测回略大于 60°，第三测回则略大于 120°。

3. 用电子经纬仪以测回法测量水平角

用电子经纬仪以测回法测量水平角有操作简单、读数快捷等优点。用电子经纬仪测量图 4-17 中的$\angle AOB$ 的操作步骤是如下：

(1)在 O 点上安置电子经纬仪后，打开电源，先选定左旋和 DEG 单位制，然后以盘左位后视 A 点，按置 0 键，则水平度盘显示$0°00'00''$。

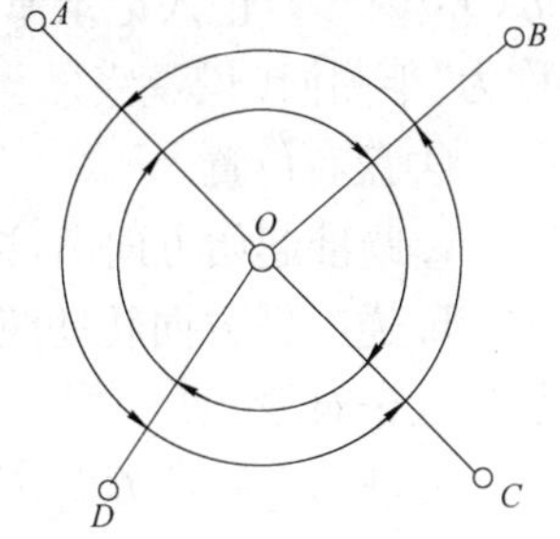

图 4-17　全圆方向法测水平角

(2)打开制动螺旋、转动望远镜，照准前视 B 点后，水平度盘上则显示 55°43′39″，为前半测回。

(3)以盘右位置用锁定键以 180°00′00″后视 A 点，打开制动螺旋、转动望远镜，照准前视 B 点后，水平度盘显示 235°43′39″－180°00′00″＝55°43′39″，即为后半测回。

4. 方向法测水平角

方向法测水平角，又分全圆方向法和方向法两种。

(1)全圆方向法。

当观测方向数超过 3 个时，观测从起始方向起顺次进行，最后又回到起始方向进行观测的方法，称为全圆方向法，见图 4-17。

①安置经纬仪于测站 O，对中调平。

②在目标 A、B、C、D 点上竖立标杆或测钎。

③盘左位置。

a. 瞄准起始方向 A(又称零方向)，读取水平度盘读数 a(0°01′12″)，记入表 3-5 中。

b. 顺时针方向转动照准部，依次瞄准 B、C、D，分别读取读数 b(41°18′18″)、c(124°27′36″)、d(160°25′18″)，记入记录簿。

c. 继续顺时针转动照准部，再次瞄准起始方向 A，读取读数 a'(0°01′06″)，记入记录簿。这一步骤称为“归零”。a 与 a'之差称为“半测回归零差”。

④盘右位置。

a. 瞄准起始方向 A，读取读数，记入记录簿。

b. 逆时针方向转动照准部，依次瞄准 D、C、B 各方向，将读数记入记录簿。

c. 继续逆时针方向转动照准部，再次瞄准 A，将读数记入记录簿。

其记录、计算，见表 4-5。

表 4-5　　全圆方向法观测记录表

测站	测回数	目标	水平度盘读数		2C=左－(右±180°)	平均读数=$\frac{1}{2}$[左+(右±180°)]	归零后方向值	各测回归零后方向平均值	备注
			盘左	盘右					
			(°)(′)(″)	(°)(′)(″)	(″)	(°)(′)(″)	(°)(′)(″)	(°)(′)(″)	
1	2	3	4	5	6	7	8	9	10
O	1					(0 01 03)			
		A	0 01 12	180 01 00	+12	0 01 06	0 00 00	0 00 00	
		B	41 18 18	221 18 00	+18	41 18 09	41 17 06	41 17 02	
		C	124 27 36	304 27 30	+6	124 27 33	124 26 30	124 26 34	
		D	160 25 18	340 25 00	+18	160 25 09	160 24 06	160 24 06	
		A	0 01 06	180 00 54	+12	0 01 00			
	2					(90 03 09)			
		A	90 03 18	270 03 12	+6	90 03 15	0 00 00		
		B	131 20 12	311 20 00	+12	131 20 06	41 16 57		
		C	214 29 54	34 29 42	+12	214 29 48	124 26 39		
		D	250 27 24	70 27 06	+18	250 27 15	160 24 06		
		A	90 03 06	270 03 00	+6	90 03 03			

⑤全圆方向法的精度要求。

a. 半测回归零差：盘左位置观测，称为上半测回。观测时从 A 方向起顺时针按 B、C、D 进行观测，然后，再次照准起始方向 A，称为归零。因此，A 方向有两次读数，其差值称为半测回归零差。盘右位置观测称为下半测回，也有半测回归零差。对于 DJ6 型光学经纬仪，归零差不得超过±18″；DJ2 型光学经纬仪，归零差不得超过±8″。

b. 2C 值：同一方向，盘左和盘右读数之差，称为 2C 值。即 2C=盘左读数－(盘右读数±180°)。同一测回各方向 2C 值互差，对于 DJ6 型光学经纬仪无规定，对于 DJ2 型光学经纬仪不得超过±13″。

c. 各测回同一方向"归零后方向值"较差：将起始方向 A 的方向值换算为0°00′00″，其余各方向值减去一个相应的数值进行换算，即得各方向"归零后方向值"。见表4-5中计算。其较差对于 J6 型光学经纬仪不得超过±24″，对于 J2 型光学经纬仪不得超过±9″。

(2)方向法。

当观测方向数为三个时，观测从起始方向起顺次进行，且不归零的方法，称为方向法，见图 4-18。

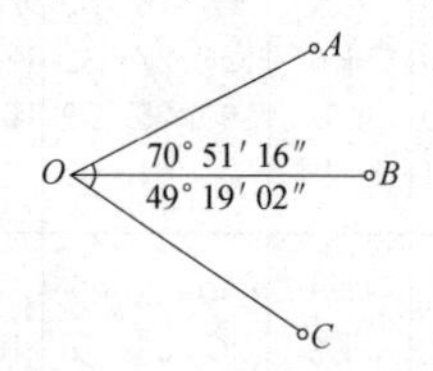

图 4-18　方向法测水平角

①安置经纬仪于测站 O，对中调平。

②在目标 A、B、C 点上竖立标杆或测钎。

③盘左位置观测，称为上半测回。

a. 瞄准起始方向 A，将读数记入记录簿，见表 4-6。

b. 顺时针转动照准部，依次瞄准目标 B、C，将读数记入记录簿。

④盘右位置观测，称为下半测回。

a. 瞄准目标 C，将读数记入记录簿。

b. 逆时针转动照准部，依次瞄准 B、A 点，将读数记入记录簿。

其记录、计算，见表 4-6。

表 4-6　　方向法观测记录簿

测站	测回数	目标	水平度盘读数		归零后读数		一测回方向平均值	各测回方向平均值	备注
			盘左	盘右	盘左	盘右			
			(°)(′)(″)	(°)(′)(″)	(°)(′)(″)	(°)(′)(″)	(°)(′)(″)	(°)(′)(″)	
O	1	A	0 02 12	180 01 48	0 00 00	0 00 00	0 00 00	0 00 00	A O 70°51′16″ 49°19′02″ B C
		B	70 53 24	250 53 06	70 51 12	70 51 18	70 51 15	70 51 16	
		C	120 12 06	300 12 18	120 09 54	120 10 30	120 10 12	120 10 18	
	2	A	90 04 06	270 04 00	0 00 00	0 00 00	0 00 00		
		B	160 55 30	340 55 12	70 51 24	70 51 12	70 51 18		
		C	210 14 24	30 14 30	120 10 18	120 10 30	120 10 24		

四、竖直角测量和记录

1. 竖直角测角装置

光学经纬仪测竖直角的装置包括竖直度盘、指标水准管和读数指标等，见图 4-19。竖直度盘固定在望远镜水平轴的一端与水平轴垂直，且二者中心重合。当仪器调平后，竖直度盘随望远镜在竖直面内转动；用于读取竖直度盘读数的指标与竖直度盘水准管固连在一起，通过调整竖直度盘指标水准管的微动旋钮，使水准管气泡居中，指标处于正确位置。

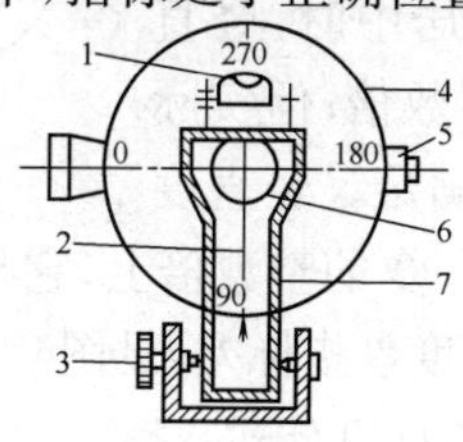

图 4-19　竖直角测角装置

1—指标水准管；2—读数指标；3—指标水准管微动旋钮；

4—竖直度盘；5—望远镜；6—水平轴；7—框架

竖直度盘由玻璃制成，其刻划按0°～360°注记，分顺时针和逆时针两种，见图4-20，为顺时针方向注记。

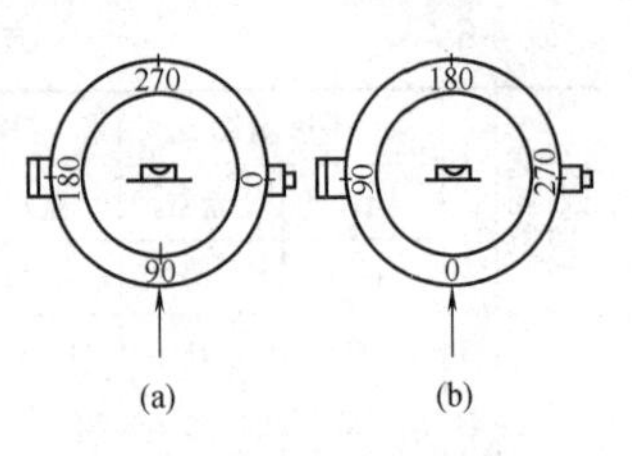

图4-20　竖直度盘注记形式

竖直度盘水准管与竖直度盘指标应满足如下条件：当视准轴水平，竖直度盘指标水准管气泡居中时，盘左的竖直度盘读数为90°或90°的整数倍，见图4-20(a)所示为90°，(b)为0°。

2. 测竖直角计算公式

(1)竖直角计算公式。

测竖直角之前，将望远镜大致置于水平位置，读取一个读数，然后仰起望远镜，若读数增加，则竖直角计算公式为：

α=(瞄准目标时读数)－(视线水平时读数)　　(4-1)

若读数减少，则竖直角计算公式为：

α=(视线水平时读数)－(瞄准目标时读数)　　(4-2)

(2)竖直度盘指标差及计算公式。

①竖直度盘指标差。在竖角的观测中，条件是当视准轴水平，竖直度盘指标水准管气泡居中时，竖直度盘读数应是90°的整数倍；但实际上这个条件往往不能满足。竖直度盘指标不是指在90°或90°的整数倍上，它与90°或90°的整数倍的差值x角，称为竖直度盘指标差，见图4-21。

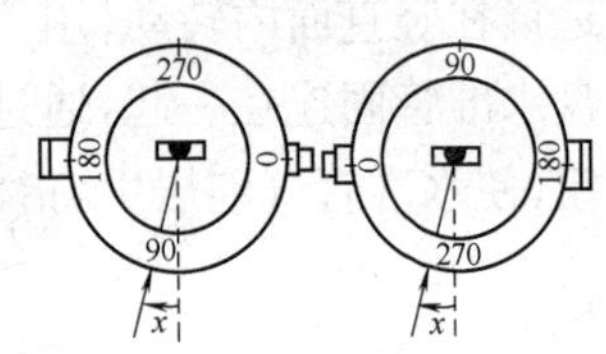

图4-21　指标差

②竖直度盘指标差计算公式：

$$x=\frac{1}{2}(\alpha_R-\alpha_L)-\frac{1}{2}[(L+R)-360°]\tag{4-3}$$

式中　α_R——盘右竖直角角值(°)；

a_L——盘左竖直角角值(°)；

R——盘右读数(°)；

L——盘左读数(°)。

竖直角观测时，同一测站上不同目标的指标差互差的限差：DJ2 型经纬仪不得超过±15″，DJ6 型经纬仪不得超过±25″。符合限差要求时，盘左、盘右竖直角取平均值得竖直角：

$$\alpha = \frac{1}{2}(\alpha_L + \alpha_R) \tag{4-4}$$

3. 测竖直角

(1)测竖直角准备工作与测水平角相同。

(2)测竖直角及记录、计算：

①安置经纬仪于 O 点，在目标 A 处竖立标杆或其他照准目标，见图 4-22。

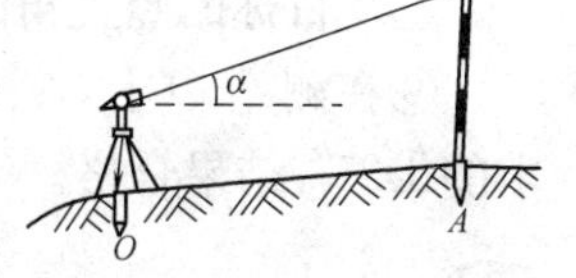

图 4-22　测竖直角

②盘左位置瞄准目标，使十字横丝精确切准 A 点标杆的顶端。

③旋动竖直度盘指标水准管微动旋钮，使竖直度盘指标水准管气泡居中，并读取竖直度盘读数 L(读数为 78°30′06″)，记入记录簿，见表 4-7。

表 4-7　竖直角观测记录簿

测站	目标	竖盘位置	竖盘读数	竖直角	指标差	平均竖直角	备注
			(°)(′)(″)	(°)(′)(″)	(″)	(°)(′)(″)	
O	A	左	78 30 06	+11 29 54	-6	+21 29 48	270 180 0 90 盘左
		右	281 29 42	+11 29 42			
O	B	左	99 26 12	-9 26 12	-9	-9 26 21	
		右	260 33 30	-9 26 30			

④以盘右位置同上瞄准原目标相同部位，旋动竖直度盘指标水准管微动旋钮，使竖直度盘指标水准管气泡居中，并读取读数尺(281°29′42″)，记入记录簿。

⑤计算竖直角：根据公式(4-1)、(4-2)、(4-4)计算

$$\alpha_L = 90° - L = 90° - 78°30'06'' = +11°29'54'';$$

$$\alpha_R = R - 270° = 281°29'42'' - 270° = +11°29'42'';$$

$$\alpha = \frac{1}{2}(\alpha_L + \alpha_R) = +11°29'48'';$$

⑥计算指标差：根据公式(4-3)计算

$$x = \frac{1}{2}(\alpha_R - \alpha_L) = \frac{1}{2}(11°29'42'' - 11°29'54'') = -6''。$$

⑦将上述第⑤、⑥步骤计算结果，填入表 4-7 中。

⑧B 目标的竖直角测量与 A 目标相同，结果见表4-7。

⑨在测站 O 上，A、B 两目标指标互差为±3″，小于规范要求的±25″，结果合格。

4. 经纬仪测设倾斜平面

(1)原理。

当倾斜平面的坡度较大时，见图 4-23，OP 为欲测设的倾斜平面，其坡度 $i = \frac{h}{d} = \tan\theta$ 为已知，水平角 $\angle HOP = \beta$ 和竖直角 $\angle P'OP = \theta$ 为经纬仪实测值，由图4-23中可以看出：

在 Rt△$P'HO$ 中，$OP' = d/\sin\beta$　　(4-5)

在 Rt△$PP'O$ 中，$\tan\theta = \frac{h}{d/\sin\beta} = \frac{h}{d} \cdot \sin\beta$　　(4-6)

在 Rt△$HP'P$ 中，$i = \tan\theta_i = h/d$　　(4-7)

将式(4-7)代入式(4-6)，得到：

$$\tan\theta = i \cdot \sin\beta \qquad (4\text{-}8)$$

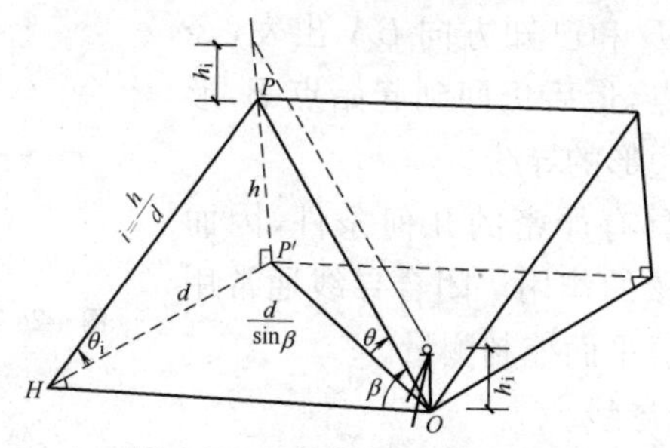

图 4-23　用经纬仪测设斜平面

(2)测法。

按公式(4-8)测设倾斜平面的步骤如下：

①在倾斜平面的底边上 O 点安置经纬仪，量出仪器高 h_i。

②用 0°00′00″后视斜平面的底边方向 OH，前视斜平上任意点 P，测出水平角 β 值。

③根据斜平面的坡度 i 和所测得的 β 值，代入公式(4-8)算出 P 点处的应读仰角 $\theta=\arctan(i\cdot\sin\beta)$。

④将望远镜仰角置于 θ 处，此时若望远镜十字横线正对准 P 点的 h_i 处，则该 P 点正在所要测设的倾斜平面上。

五、经纬仪导线测量

在测区内将相邻控制点布设成连续的折线，称为导线。构成导线的控制点，称为导线点。

用经纬仪测量导线的转折角，用钢卷尺测量导线的长度。这个被测导线，称为经纬仪导线。

1. 经纬仪导线布设形式

(1)闭合导线。

闭合导线是起、终止于同一已知点的导线，见图4-24。即导

线从已知点 B 和已知方向 BA 出发，经过若干导线点，最后仍回到起始点 B，形成一闭合多边形的导线。

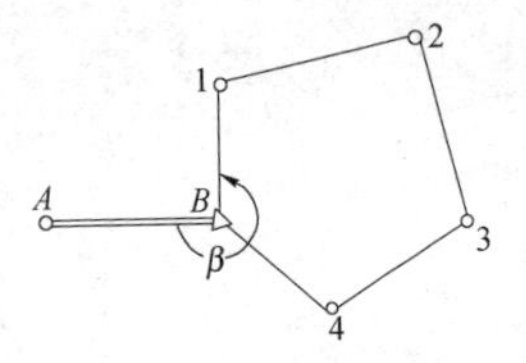

图 4-24　闭合导线

它本身具有严密的几何条件，因而能起检验审核的作用。闭合导线通常用于小测区首级平面控制测量。

(2)附合导线。

附合导线是布设在两已知点间的导线，见图 4-25，即导线从一已知高级控制点 B 和已知方向 BA 出发，经过若干导线点，最后附合到另一已知高级控制点 C 和已知方向 CD 上的导线。

它具有检验审核观测成果的作用，故通常用于平面控制测量的加密，即增加控制点的数量。

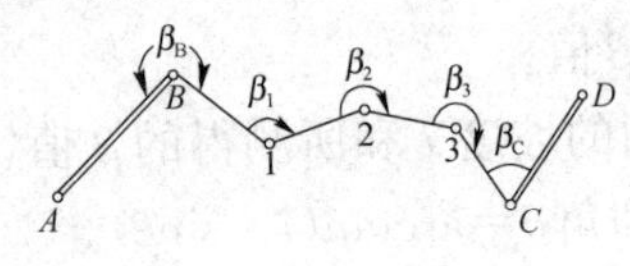

图 4-25　附合导线

(3)支导线。

支导线是由一已知点和一已知方向出发，既不回到原出发点，又不附合到另一已知点上的导线，见图 4-26。从已知点 B 和已知方向 BA 出发，经过 1、2 个导线点后所形成的导线。

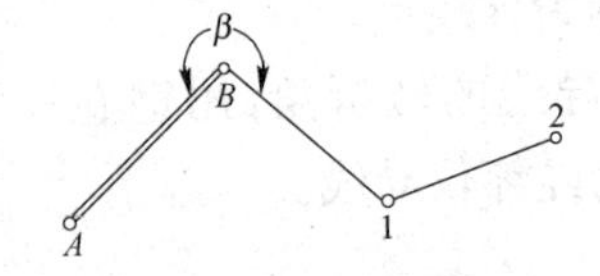

图 4-26　支导线

支导线缺乏检验审核条件，因此，其点数一般不超过两个，它仅用于图根测量。

2. 导线测量外业工作

(1)闭合导线测量外业工作。

①踏勘选点。首先收集有关测量资料,包括地形图、现有控制点分布简图,然后,到现场踏勘。根据踏勘收集的情况,在图上规划导线的初步方案。最后到实地合理地选定导线点位置,使之布设成闭合导线形式。导线边长应满足表4-8中的要求。

表4-8　导线测量主要技术要求

<table>
<tr><th colspan="2" rowspan="2">等级</th><th rowspan="2">附合导线长度/m</th><th rowspan="2">平均边长/m</th><th rowspan="2">往返测量较差相对误差</th><th rowspan="2">测角中误差/(″)</th><th colspan="2">测合数</th><th rowspan="2">方位角闭合差(″)</th><th rowspan="2">导线全长相对闭合差</th></tr>
<tr><th>DJ2</th><th>DJ6</th></tr>
<tr><td colspan="2">一级</td><td>2500</td><td>250</td><td>1/20000</td><td>±5</td><td>2</td><td>4</td><td>$\pm10\sqrt{n}$</td><td>1/10000</td></tr>
<tr><td colspan="2">二级</td><td>1800</td><td>180</td><td>1/15000</td><td>±8</td><td>1</td><td>3</td><td>$\pm16\sqrt{n}$</td><td>1/7000</td></tr>
<tr><td colspan="2">三级</td><td>1200</td><td>120</td><td>1/10000</td><td>±12</td><td>1</td><td>2</td><td>$\pm24\sqrt{n}$</td><td>1/5000</td></tr>
<tr><td rowspan="3">图标</td><td>1∶500</td><td>500</td><td>75</td><td rowspan="3">1/3000</td><td rowspan="3"></td><td rowspan="3"></td><td rowspan="3"></td><td rowspan="3">$\pm60\sqrt{n}$</td><td rowspan="3">1/2000</td></tr>
<tr><td>1∶1000</td><td>1000</td><td>110</td></tr>
<tr><td>1∶2000</td><td>2000</td><td>180</td></tr>
</table>

②埋设标志。导线点选定后,应在点位上埋设标志。导线点标志有临时性标志(即在木桩上钉一个小钉作标志),有永久性标志(即埋设混凝土桩或石桩,桩顶嵌入带有"+"的金属标志,或将标志直接嵌入水泥地面或岩石上,作为永久性标志)。

标志埋设好后,应按顺序统一编号,并绘一草图,注明与附近明显地物的关系,称为点之记。

③测量边长。用检定过的钢卷尺,采用往、返测量的形式测量导线边长,测量结果应满足表4-8中的要求。

④测转折角。观测导线转折角时,一般用测回法施测。

转折角位于导线前进方向左侧的,称为左角。位于导线前进方向右侧的,称为右角。

闭合导线观测内角，如果闭合导线按顺时针方向编号，则内角为右角。如果闭合导线按逆时针方向编号，则内角为左角。测角误差应满足表 4-8 中的要求。

⑤导线连接测量。当导线需要与高级控制点连接时，则需进行导线连接测量。导线连接测量时，需要观测已知方向与导线边的夹角，称为连接角及连接边。见图4-24中β角，图 4-27 中β_A、β_1 及连接边 D_{A1}。

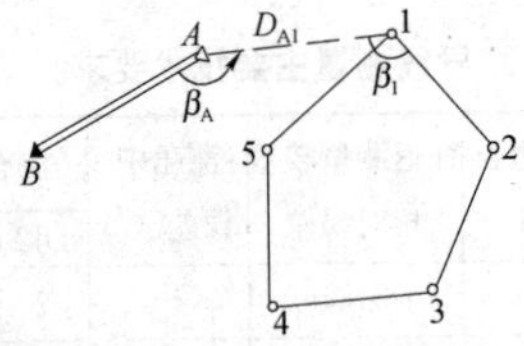

图 4-27　导线连接测量

(2)附合导线测量外业工作。

附合导线外业工作与闭合导线基本相同，不过在踏勘选点时，应该布设成附合导线形式。测转折角一般观测左角，见图 4-25 中，角 β_B、β_1、β_2、β_3、β_C。也可观测右角(与左角相对应的角)。

(3)支导线测量外业工作。

支导线外业工作在测转折角时应分别观测左角和右角，其余与前两种导线形式相同。

如果测区及附近没有高级控制点，则应用罗盘仪测出导线起始边的磁方位角，并假定起始点的坐标，作为导线的起始数据。

第5部分　距离测量

一、钢尺测量

1. 钢尺的性质

(1)钢尺尺长受温度影响而冷缩热胀。

由于钢材的线膨胀系数 α 在 0.0000116/℃～0.0000125/℃之间，故一般钢尺的线膨胀系数取α=0.000012/℃，即 50m 长的钢尺，温度每升高或降低 1℃，尺长产生 Δl_t=0.000012/℃×(∓1℃)×50m=∓0.6mm 的误差。即每量50m一整尺需加改正数∓0.6mm，此值是可观的。以北京地区而言，5 月份和 10 月份左右白天的平均温度在 20℃左右，而在 7～8 月份的白天最高温度能达到 37℃左右，1 月上、中旬白天最低温度能达到－10℃ 左右，这样对于 50m 长的钢尺而言，其尺长将有10～－18mm的变化。由此看出钢尺尺长是使用时温度变化的函数，为此世界各国都规定了本国钢尺尺长的检定标准温度，西欧国家多取 15℃，我国规定钢尺尺长的检定标准温度为 20℃。

(2)钢尺具有弹性受拉会伸长。

在钢尺的弹性范围内，尺长的拉伸是服从虎克定律的，即钢尺伸长值 ΔL_P 与拉力增加值 ΔP、钢尺尺长 L 成正比，与钢尺的弹性模量 E(200000MPa)、钢尺的断面面积 A(一般为 2.5mm^2)成反比，故 ΔL_P 为：

$$\Delta L_{\mathrm{P}} = \frac{\Delta P \cdot L}{E \cdot A} \tag{5-1}$$

若拉力每变化 10N,即 $\Delta P=\pm 10\mathrm{N}$,使用 50m 钢尺,即 $L=50000\mathrm{mm}$,$E=200000\mathrm{MPa}$,$A=2.5\mathrm{mm}^2$ 则:

$$\Delta L_{\mathrm{P}} = \frac{\pm 10 \times 50000}{200000 \times 2.5} = \pm 1.0\mathrm{mm}$$

以上就是断面面积为 $2.5\mathrm{mm}^2$ 的 50m 钢尺在平铺丈量时,拉力每增加或减少 10N,则尺长产生∓1.0mm 的误差,即每平量 50m 一整尺需加改正数±1.0mm的计算公式。由此看来钢尺尺长也是使用时所用拉力大小的函数,为此世界各国也都规定了本国钢尺尺长的检定标准拉力,西欧国家多取 100N,我国规定钢尺尺长的检定标准拉力为 49N。

(3)钢尺尺长因悬空丈量,其中部下垂(f)产生的垂曲误差(ΔL_{f})

钢尺尺身因悬空而形成悬链曲线,由此产生的垂曲误差(ΔL_{f})为钢尺的测段长 L 与钢尺两端(等高)间的水平间距之差。若钢尺每米长的质量为 W,拉力为 P,当测段两端等高、中间悬空时,垂曲误差值为:

$$\Delta L_{\mathrm{f}} = \frac{W^2 L^3}{24P^2} \tag{5-2}$$

若使用断面面积为 $2.5\mathrm{mm}^2$ 的钢尺,拉力分别为 49N 和 98N 悬空丈量时,产生的垂曲误差见表 5-1。

表 5-1　垂曲误差表　(单位:mm)

L	5m	10m	15m	20m	25m	30m	35m	40m	45m	50m
P=49N	0.1	0.7	2.2	5.2	10.2	17.6	28.0	41.8	59.5	81.7
P=98N		0.2	0.6	1.3	2.6	4.4	7.0	10.5	14.9	20.7

由表 5-1 中可看出,若钢尺尺长是平铺检定的,而丈量是悬

空时，产生的垂曲误差是很可观的。

2. 钢尺检定

钢尺检定根据《钢卷尺检定规程》(JJG 4—2015)规定进行。

(1)钢尺的检定项目。

共3项，见表5-2，检定周期为一年。

表5-2　钢尺检定项目表

序号	检定项目	检定类别	
		新制的	使用中
1	外观及各部分相互作用	+	+
2	线纹宽度	+	−
3	示值误差	+	+

注：表中“+”表示应检定；“−”表示可不检定。

(2)钢尺检定标准。

①标准温度为20℃。

②标准拉力为49N。

③尺长允许误差(平量法)：

$$\begin{cases} \text{Ⅰ级尺}\ \Delta=\pm(0.1+0.1L)(\text{mm}) \\ \text{Ⅱ级尺}\ \Delta=\pm(0.3+0.2L)(\text{mm}) \end{cases} \tag{5-3}$$

式中　L——长度(m)。

按式(5-3)计算，50m、30m钢尺的允许误差，见表5-3。

表5-3　钢尺尺长允许误差表(JJG 4—2015)

等级＼规格	50m	30m	等级＼规格	50m	30m
Ⅰ级	±5.1mm	±3.1mm	Ⅱ级	±10.3mm	±6.3m

3. 钢尺的名义长与实长

钢卷尺检定规程规定，检定必须在标准情况下进行，规定标准温度为＋20℃，标准拉力为49N。在标准温度和标准拉力的条件下，让被检尺与标准尺相比较，而得到被检尺的实长($l_{实}$)即在＋20℃和49N拉力下的实际尺长，而其尺身上的刻划注记值叫名义长($l_{名}$)。故尺长误差(Δ)为：

尺长误差(Δ)＝名义长($l_{名}$)－实长($l_{实}$)　　(5-4)

尺长改正数(v)＝－尺长误差(Δ)

＝实长($l_{实}$)－名义长($l_{名}$)　　(5-5)

例如：某名义长 $l_{名}=50\text{m}$ 的钢尺，经检定得到：平铺量整尺的实长 $l_{实}=50.0046\text{m}$，悬空量整尺的实长 $l_{实}=49.9897\text{m}$。求用该尺平铺量与悬空量一整尺的误差Δ与改正数的值。

即：平铺量一整尺的误差 $\Delta=-4.6\text{mm}$，改正数 $v=+4.6\text{mm}$。

悬空量一整尺的误差 $\Delta=+10.3\text{mm}$，改正数 $v=-10.3\text{mm}$。

4. 钢卷尺量距的精密方法及结果计算

(1)清理场地。

清理需测量距离的两点间的障碍物，必要时适当平整场地。

(2)直线定线(图5-1)。

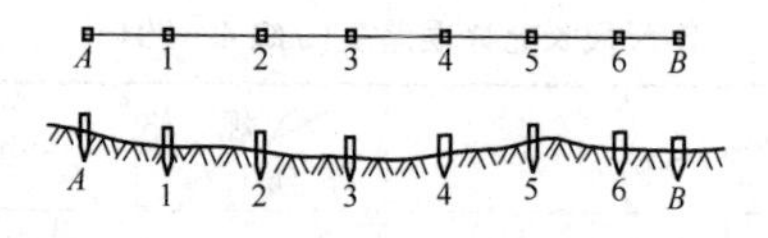

图5-1　直线定线桩

①经纬仪在 A、B 两点间定线。

②沿 AB 直线用钢卷尺进行概量，按稍短于一尺段长的位置打下木桩，桩顶钉铁皮或铝片，并高出地面约10～20cm。

③经纬仪精确定线，并用小刀将其刻划在桩顶金属片上。

④在每个桩的顶面，再划上与 AB 线垂直的横线，其交点作为测量时的标志。

(3)测桩顶间高差。

①用水准仪双面尺法或往返测法测出各相邻顶间高差。

②同一尺段高差之差不得大于 5mm。在限差范围内取其平均值，作为相邻桩顶间高差。

(4)测量方法。

①5 人一组，2 人拉尺，2 人读数，1 人测温度兼记录。

②测量方法见图 5-2。

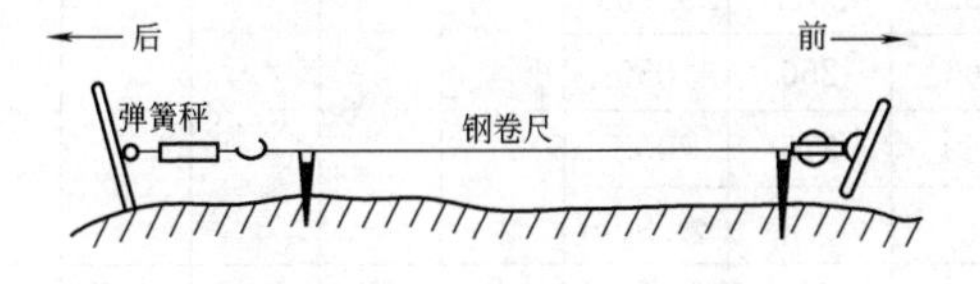

图 5-2　弹簧秤配合测量距离

后尺手挂弹簧秤于钢卷尺零端，前尺手执尺于末端，两人同时拉紧钢卷尺。并把钢卷尺有刻划的一侧贴切于木桩顶十字线交点，待弹簧秤指示到钢尺检定标准拉力时，由后尺手发出“预备”口令，两人拉稳尺子时，前尺手回答“好”。此瞬间，前、后读尺员同时读数，估读至 0.5mm，记录员依次记入记录簿，见表 5-4，并计算尺段长度。

表 5-4　　精密量距记录计算表

钢卷尺号码:No.12　钢卷尺膨胀系数:0.000012　钢卷尺检定时温度:20℃

钢卷尺名义长度:30m　钢卷尺检定长度:30.005m　钢卷尺检定时拉力:100N

尺段编号	实测次数	前尺读数(m)	后尺读数(m)	尺段长度(m)	温度(℃)	高差(m)	温度改正数(mm)	倾斜改正数(mm)	尺长改正数(mm)	改正后尺段(mm)
A～1	1	29.4350	0.0410	29.3930	+25.5	+0.36	+1.9	−2.2	+4.9	29.3976
	2	510	580	930						
	3	025	105	920						
	平均			29.3930						
1～2	1	29.9360	0.0700	29.8660	+26.0	+0.25	+2.2	−1.0	+5.0	29.8714
	2	400	755	645						
	3	500	850	650						
	平均			29.8652						
2～3	1	29.9230	0.0175	29.9055	+26.5	−0.66	+2.3	−7.3	+5.0	29.9057
	2	300	250	050						
	3	380	315	065						
	平均			29.9057						
3～4	1	29.9235	0.0185	29.9050	+27.0	−0.54	+2.5	−4.9	+5.0	29.9083
	2	305	255	050						
	3	380	310	070						
	平均			29.9057						
4～B	1	15.9755	0.0765	15.8990	+27.5	−0.42	+1.4	−5.5	+2.6	15.8975
	2	540	555	985						
	3	805	810	995						
	平均			15.8990						
总和				134.9686			+10.3	−20.9	+22.5	134.9805

③前、后移动钢卷尺 3～4cm,同法再次测量。每尺段测量 3 次,得 3 组读数,3 组读数算得尺段长度之差应小于 2mm,否则重

测。在限差内,取3次结果的平均值,作为该尺段的观测成果。

④每尺段测量期间,应记录温度1次,估读至0.5℃。

⑤如上继续测量各尺段至终点,即完成往测。

⑥完成往测后,应立即返测。

⑦为了校核,并使所量直线的长度达到规定的测量精度,一般应往返若干次。

(5)结果计算。

①距离测量主要误差的改正。

a. 尺长改正:

$$\Delta L_{\mathrm{d}} = \frac{\Delta L}{L_0} L \tag{5-6}$$

式中　ΔL_d——尺段的尺长改正数(m);

ΔL——钢卷尺尺长改正数(m);

L_0——钢卷尺名义尺长(m);

L——尺段的倾斜距离(m)。

例如:表5-4中的$A \sim 1$尺段

$$\Delta L_d = \frac{+0.005}{30} \times 29.393 = +0.0049 \text{ m}$$

b. 温度改正:

$$\Delta L_t = \alpha(t - t_0)L \tag{5-7}$$

式中　α——膨胀系数,$\alpha = 1.2 \times 10^{-5}$;

t——测量时温度(℃);

t_0——钢卷尺检定时温度(℃)。

例如:表5-4中的$A \sim 1$尺段

$\Delta L_{\mathrm{t}} = 1.2 \times 10^{-5} \times (25.5 - 20) \times 29.394 = +0.0019\mathrm{m}$

c. 倾斜改正:

$$\Delta L_h = -\frac{h^2}{2L} \tag{5-8}$$

式中 h——尺段两端点间高差(m)。

例如:表 5-4 中的 $A\sim1$ 尺段

$$\Delta L_{\mathrm{h}}=\frac{(0.36)^2}{2\times29.393}=-0.0022\mathrm{m}$$

d. 尺段长度计算:

$$d=L+\Delta L_d+\Delta L_t+\Delta L_h \tag{5-9}$$

例如:表 5-4 中的 $A\sim1$ 尺段

$d=29.393+0.0049+0.0019-0.0022$

$=29.3976\mathrm{m}$。

②全长计算及相对误差。

a. 全长计算(以表 5-4 为例):

$$D_{往}=d_1+d_2+\cdots+d_n=134.9805\mathrm{m} \tag{5-10}$$

$$D_{返}=d_n+d_{n-1}+\cdots+d_1=134.9868\mathrm{m} \tag{5-11}$$

$$D_{全长}=\frac{D_{往}+D_{返}}{2}=134.9837\mathrm{m} \tag{5-12}$$

式中 $d_1,d_2,\cdots$——各尺段长度(m)。

b. 全长相对误差计算(以表 5-4 为例):

$$K=\frac{|D_{往}-D_{返}|}{D_{平均}}=\frac{0.0063}{134.9837}\approx\frac{1}{21000} \tag{5-13}$$

(6)适用条件及精度要求。

①适用条件:精密量距适用于测设建筑基线、建筑方格网的主要轴线、测量小三角起始边等。

②精度要求:精密量距相对误差要求达到 1/10000 以上。

5. 钢卷尺量距要点及保养

(1)钢卷尺量距要点。

①直:在丈量的两点间定线要直,以保证丈量的距离为两点间的直线距离。

②平：丈量时尺身要水平，以保证丈量的距离为两点间的水平距离。

③准：前后测手拉力要准（用标准拉力）、要稳。

④齐：前后测手动作配合要齐，对点与读数要及时、准确。

(2)钢卷尺保养。

钢尺在使用中要注意以下五防、一保护。

①防折：钢尺性脆易折，遇有扭结打环，应解开再拉，收尺不得逆转。

②防踩：使用时不得踩尺面，尤其在地面不平时。

③防轧：钢尺严禁车轧。

④防潮：钢尺受潮易锈，遇水后要用干布擦净，较长时间不使用时应涂油存放。

⑤防电：防止电焊接触尺身。

⑥保护尺面：使用时尺身尽量不拖地擦行，以保护尺面，尤其是尺面是喷涂的尺子。

二、视距测量及光电测距

视距测量是利用望远镜内视距丝装置，根据几何光学原理，同时测定水平距离和高差的一种方法。视距丝是刻在十字丝分划板上与横丝平行且等距的上、下两条短横丝。

1. 视线水平时水平距离与高差的计算公式

(1)求水平距离(图5-3)。

$$D=Kl=100l \tag{5-14}$$

式中　K——视距常数，一般为100；

l——尺间隔(m)；

D——水平距离(m)。

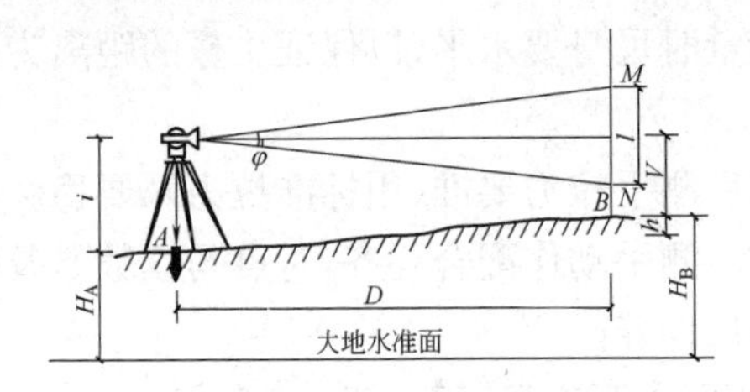

图 5-3　视线水平的视距测量

(2)求高差。

$$h=i-V \tag{5-15}$$

式中　i——仪器高,是桩顶到仪器水平轴的高度(m);

V——瞄准高,是十字丝中丝在水准尺上的读数(m)。

$$H_B=H_A+i-V \tag{5-16}$$

$$H_B=H_i-V \tag{5-17}$$

(3)视线倾斜时水平距离与高差的计算公式。

①计算水平距离,见图 5-4。

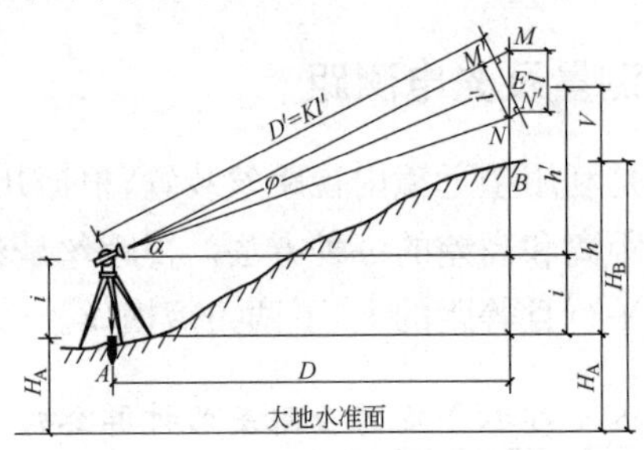

图 5-4　视线倾斜的视距测量

在△$MM'E$ 和△$NN'E$ 中,由于 ϕ 角很小,约为 34′,故可将∠$MM'E$ 和∠$NN'E$ 近似地看成直角。

因为　　　　$\angle MEM'=\angle NEN'=\alpha$

所以 $M'N' = M'E + EN'$

$$= ME\cos\alpha + EN\cos\alpha$$

$$= MN\cos\alpha$$

设 MN 为 l，$M'N'$ 为 l'。

则： $l' = l\cos\alpha$

据式(5-14)，可得倾斜距离：

$$D' = Kl' - Kl\cos\alpha \quad (5\text{-}18)$$

则： $D = D'\cos\alpha - Kl\cos^2\alpha \quad (5\text{-}19)$

②计算高差由图 5-4 可得：

$$h = h' + i - V \quad (5\text{-}20)$$

$$h' = D'\sin\alpha = Kl\cos\alpha\sin\alpha = \frac{1}{2}Kl\sin(2\alpha) \quad (5\text{-}21)$$

$$h = \frac{1}{2}Kl'\sin(2\alpha) + i - V \quad (5\text{-}22)$$

如果 A 点高程 H_A 为已知，则 B 点高程为：

$$H_B = H_A + h \quad (5\text{-}23)$$

$$H_B = H_A + h' + i - V \quad (5\text{-}24)$$

例如：视距测量见图 5-4，A 点经纬仪读出 B 点水准尺下丝 1.868m、上丝 1.468m、中丝 1.668m，倾斜角 $\alpha = 30°$，仪器高 $i = 1.5$m，$H_A = 10.000$m。计算 D_{AB} 和 H_B 的值。

即：Ⅰ计算 D_{AB}，如公式(5-19)。

$$D_{AB} = Kl\cos^2\alpha$$

$$= 100 \times (1.868 - 1.468) \times \cos^2 30°$$

$$= 30(\text{m})$$

Ⅱ计算 H_B，如公式(5-24)。

$$H_B = H_A + h' + i - V$$

$$= H_A + \frac{1}{2}Kl\sin 2\alpha + \text{i} - \text{V}$$

$$=10.000+\frac{1}{2}\times100\times0.4\times\sin60^\circ$$

$$+1.5-1.668$$

$$=27.153(\text{m})$$

(4)视距测量的观测步骤与计算。

视距测量的观测，见图 5-4。

①安置经纬仪于 A 点，量取仪器高 i。

②在 B 点竖立水准尺。

③经纬仪盘左(或盘右)位置，转动照准部照准 B 点水准尺，分别读取上、中、下三丝在水准尺上的读数 M、N、V。

④算出尺间隔 $l=M-N$。

⑤转动竖直度盘指标水准管微动旋钮，使竖直度盘指标水准管气泡居中，读取竖直度盘读数，计算竖直角 α。

⑥根据视距尺间隔 l，竖直角 α，仪器高 i 及中丝读数 V，计算出水平距离 D 和高差 h。

(5)视距测量的误差：

①用视距丝读取尺间隔的误差。

②水准尺倾斜的误差。

③外界条件的影响。

a. 大气竖直折光影响。

b. 空气对流使视距尺的成像不稳定。

c. 风力使尺子抖动。

d. 视距常数 K 的误差。

e. 水准尺分划误差。

f. 竖直角观测误差。

以上误差都影响视距测量精度。根据大量实验资料分析，在比较良好的外界条件下，视距测量精度约为$\frac{1}{300}\sim\frac{1}{200}$。当外界条件较差或立尺不直时，测量精度只有$\frac{1}{100}$甚至更低，因而视距测量一般仅用于测图的碎部测量中。

(6)视距测量注意事项：

①应在成像稳定的情况下作业。观测时应使视线离地面1m以上。

②水准尺应装置水准器，观测时要将水准尺立成竖直状态。

2. 光电测距

(1)电磁波测距。

电磁波测距是用不同波段的电磁波作为载波传输测距信号，以测量两点间距离的一种方法。电磁波测距与钢尺量距相比，只要有通视条件，可不受地形限制，而且有精度高、操作简单、速度快等优点。

电磁波测距仪按其所采用的载波不同可分为：用微波段的无线电波作为载波的微波测距仪，用激光作为载波的激光测距仪，用红外光作为载波的红外测距仪。前两者测程可达数十公里，多用于远程的大地测量；后两者叫做光电测距仪。红外测距仪多用于短、中程测距的地形测量和工程测量。

(2)光电测距仪。

①基本构造。见图5-5(a)为DCH型光电测距仪，它是装在J2级光学经纬仪与电子经纬仪上组成的半站仪，测程为2～3.2km。其构造主要包括测距主机、反射棱镜见图5-5(b)、电源、充电设备及气压计、温度表等附件五部分。测距主机和经纬仪望远镜一起转动进行测距、测水平角及测竖直角。

②工作原理。按测距方式的不同，分为相位式和脉冲式两种。脉冲式测距是直接测定光脉冲在测线上往返传播的时间，

来求得距离的，其精度较低。相位式测距是通过测定调制光波在测线上往返传播所产生的相位移，间接测定时间来求得距离的，其精度高。目前短程红外光电测距仪，都是相位式的。

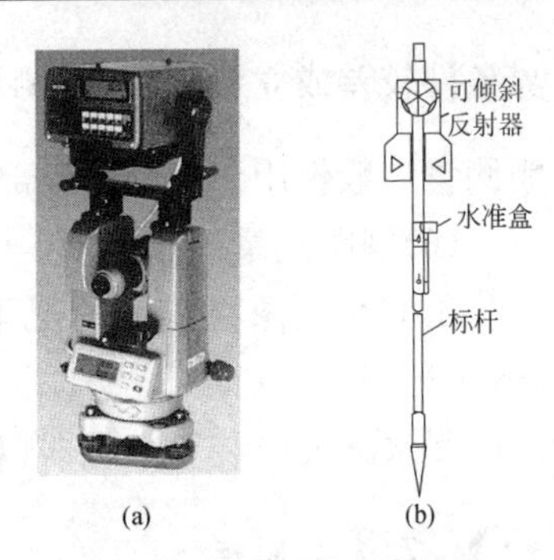

图 5-5　光电测距仪与反射棱镜

③标称精度。根据《中、短程光电测距规范》（GB/T 16818—2008）规定：测距仪出厂标称精度表达式为：

$$m_D = \pm(A + B \cdot D) \tag{5-25}$$

式中　m_D——测距中误差(mm)；

A——仪器标称精度中的固定误差(mm)；

B——仪器标称精度中的比例误差系数（10^{-6}或 mm/km）；

D——被测距离(km)。

例如：DCH 型光电测距仪的标称精度 $m_D=\pm(5\text{mm}+5\times10^{-6}\cdot D)$。若用此仪器与 $m_D=\pm(2\text{mm}+2\times10^{-6}\cdot D)$的测距仪分别测 1000m、100m 的标称精度与相对精度，结果见表 5-5。

表 5-5　　光电测距仪标称精度

精度	测程 D=1000m	测程 D=100m
标称精度 $m_D=\pm(5\text{mm}+5\times10^{-6}\cdot D)$，相对精度 $k=\frac{m_D}{D}$	$m_D=\pm10$mm，$k=\frac{1}{10万}$	m_D=5.5mm，$k=\frac{1}{1.8万}$
标称精度 $m_D=\pm(2\text{mm}+2\times10^{-6}\cdot D)$，相对精度 $k=\frac{m_D}{D}$	$m_D=\pm4$mm，$k=\frac{1}{25万}$	m_D=2.2mm，$k=\frac{1}{4.5万}$

④分类与检定项目。

a. 按精度分。根据《光电测距仪检定规程》(JJG 703—2003)规定,按1km的测距标准偏差 m_D 计算,准确度分为四级,见表5-6。

b. 按测程分。光电测距仪测程分类,见表5-7。

c. 按构造分。全站仪(电子测角与光电测距成为一个整体)与半站仪(光学或电子经纬仪与光电测距仪组合而成)。

d. 检定。根据《光电测距仪检定规程》(JJG 703—2003)规定,共检定13项(见表5-8)。检定周期为一年。

表5-6　光电测距仪精度等级表

精度等级	1km测距中误差 m_D	精度等级	1km测距中误差 m_D
Ⅰ	$m_D \leqslant (1+D)$mm	Ⅲ	$(3+2D)$mm$< m_D \leqslant (5+5D)$mm
Ⅱ	$(1+D) < m_D \leqslant (3+2D)$mm	Ⅳ(等外级)	$m_D > (5+5D)$mm

表5-7　光电测距仪测程分类表

测程等级	测量距离 D	测程等级	测量距离 D
短　程	$D<3$km	远　程	15km$<D$
中　程	3km$\leqslant D \leqslant$15km		

表5-8　光电测距仪检定项目表(JJG 703—2003)

序号	检定项目	检定类别			
		首次检定	后续检定	使用中检定	
				中、短程	远程
1	外观与功能	+	+	±	+
2	光学对中器	+	+	—	—
3	发射、接收、照准三轴关系的正确性	+	+	—	—

续表

序号	检定项目		检定类别			
			首次检定	后续检定	使用中检定	
					中、短程	远程
4	反射棱镜常数的一致性		＋	±	－	－
5	调制光相位均匀性		＋	＋	－	－
6	幅相误差		＋	±	－	－
7	分辨力		＋	＋	－	－
8	周期误差		＋	±	－	－
9	测尺频率	开机特性	＋	±	－	－
		温漂特性	±	±	－	－
10	加常数标准差与乘常数标准差		＋	＋	－	－
11	测量的重复性		＋	＋	－	－
12	测程		±	±	－	－
13	测距综合标准差		＋	＋	±	±

注：检定类别中"＋"为应检项目，"±"为可检可不检项目，由送检单位根据需要确定，"－"为不检项目。

⑤基本操作方法。

a. 安置仪器。

先在测站上安置经纬仪，对中、定平后，以盘左位置通过锁紧机构将光电测距主机置在望远镜上。

b. 安置反射棱镜。

在待测边的另一端点上安置三脚架，并装上基座及反射棱镜，对中、定平后，将反射棱镜对向测距仪。当所测的点位精度要求不高时，也可用反射棱镜对中杆。

c. 测距步骤。

开机后，先将测得的气压、温度输入测距主机，然后将望远镜照准目标（此时测距主机也照准反射棱镜）后，按测距主机上的 MEAS（量测）键启动测量显示结果，根据测得的视线斜距离和置入视线的竖直角值，即可分别得到水平距离与高差。

⑥使用要点。

a. 使用前要仔细阅读仪器说明书，了解仪器的主要技术指标与性能，特别是标称精度、棱镜常数与测距的配套、温度与气压对测距的修正等。

b. 测距仪要专人使用、专人保养，仪器要按检定规程要求定期送检。每次使用前后，均要检查主机各操作部件运转是否正常，棱镜、气压计、温度计、充电器等附件是否齐全、完好。

c. 测站与测线的位置符合要求，测站不应选在强电磁场影响的范围内（如变压站附近），测线应高出地面或障碍物 1m 以上，且测线附近与其延长线上不应有反光物体。

d. 测距前一定要做好准备工作，要使测距仪与现场温度相适应，并检查电池电压是否符合要求，反射棱镜是否与主机配套。

e. 测距仪与反射棱镜严禁照向强光源。

f. 同一条测线上只能放一个反射棱镜。

g. 仪器安置后，测站、棱镜站均不得离人，强阳光下要打伞；风大时，仪器和反射棱镜均要有保护措施。

⑦保养要点。

a. 光电测距仪是集光学、机械、电子于一体的精密仪器，防潮、防尘和防震是保护好其内部光路、电路及原件的重要措施。一般不宜在 40℃以上高温和 −15℃以下低温的环境中作业和存放。

b. 现场作业一定要十分小心，防止摔、砸事故的发生，仪器万一被淋湿，应用干净的软布擦净，并于通风处晾干。

c. 室内外温差较大时，应在现场开箱和装箱，以防仪器内部受潮。

d. 较长期存放时，应定期(最长不超过一个月)通电(半小时以上)驱潮，电池应充足电存放，并定期充电检查。仪器应在铁皮保险柜中存放。

e. 如仪器发生故障，要认真分析原因，送专业部门修理，严禁任意拆卸仪器部件，以防损伤仪器。

(3)光电测距三角高程测量。

见图 5-6，用光电测距仪测定两点间的斜距 D'_{AB}，再量取仪器高 i，觇标高 v，观测竖直角 θ，从而计算出高差，推算出待求点高程的方法，叫光电测距三角高程测量。随着光电测距仪的普及，这种方法的应用越来越广泛。

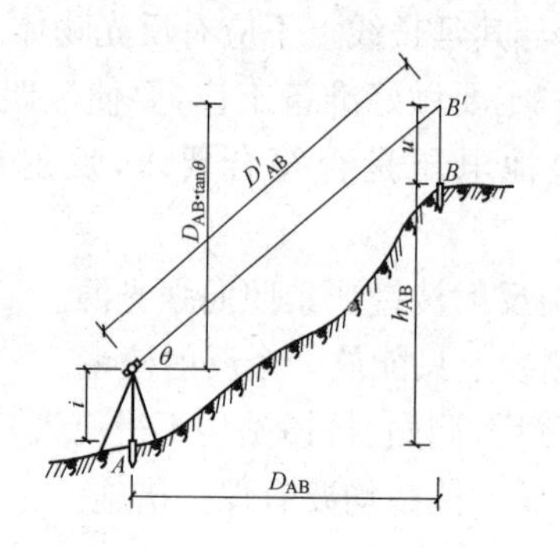

图 5-6　三角高程测量

①计算公式。由图 5-6 可以看出，B 点对 A 点高差为 h_{AB}，考虑大气折光等因素的影响，按光电测距高程导线代替四等水准测量的要求，其计算公式为：

$$h_{AB}=D'_{AB}\sin\theta+\frac{1}{2R}(D'_{ab}\cos\theta)^2+i-v \qquad (5\text{-}26)$$

式中 D'_{AB}——经过仪器固定误差、比例误差和气象误差改正后的斜距；

R——地球平均半径，采用6369km，见《国家三、四等水准测量规范》(GB/T 12898—2009)。

相邻测站间对向观测的高差应取平均值作为两点间的高差。

②观测。将光电测距仪安置于测站上，测定其斜距 D'_{AB}。用小钢尺量取仪器高 i，觇标高 v，为保证量测精度，可用带铅直对中杆的三脚架。竖直角测量时，用十字中线照准觇标，盘左盘右观测，为消除地球曲率和大气折光的影响，需作对向观测。

③适用范围。光电测距三角高程测量的误差主要来源于竖直角观测及距离测量，仪器高、反射镜和觇标高量测的误差及外界特别是大气折光对竖直角观测的影响。当竖直角不大，距离对高差的影响极微，对仪器高、反射镜和觇标高量测细心，对大气折光影响采取对向观测，这样，光电测距三角高程测量可以达到较高的精度。

当视线倾斜角不超过15°，距离在1km内，测距精度达到$\pm(5mm+5\times10^{-6}\times D)$，量测仪器高、觇标高精度在2mm内，四个测回测角互差不超过5″，采用对向观测，光电测距三角高程测量可以代替四等水准测量。

当视线倾斜角在15°内，视线长不大于500m，用一般光电测距仪观测时直接照准反射镜中心，每次照准后，两次读数较差在30″内，三测回互差不超过10″时，其高差精度可以满足普通水准测量的要求。见表5-9和表5-10为某工程光电测距高程测量记录和高差计算的实例。

表 5-9 光电测距高程记录表

测站:M 照准点:N 日期 仪器:DCH

	测回 读数	1	2	3	4
距离测量	1	825.253	825.253	825.252	825.250
	2	825.253	825.254	825.253	825.251
	3	825.254	825.253	825.252	825.250
	4	825.253	825.253	825.252	825.250
	平均值	825.253	825.253	825.252	825.250
	各测回平均值(m)	825.250			
		气温	19.5℃	气压	970hPa

	测回	盘左 (° ′ ″)	(″)	盘右 (° ′ ″)	(″)	指标差 (″)	竖直角 (° ′ ″)
竖直角观测	1	90 04 01 00	0.5	269 55 26 26	26.0	−16.8	−0 04 17.2
	2	90 03 55 57	56.0	269 55 25 24	24.5	−19.8	−0 04 15.3
	3	90 03 56 55	55.5	269 55 25 25	25.0	−19.8	−0 04 15.2
	4	90 03 57 56	56.5	269 55 26 25	25.5	−19.0	−0 04 15.5
	平均值						−0 04 15.9

仪器高	1	1.547m	2	1.548m	平均值	1.5475m
觇标高	1	1.715m	2	1.715m	平均值	1.715m

表5-10 光电测距高程测量高差计算表

测站	目标	斜距 D'/m	竖直角 (°′″)	初算高差 /m	$(D'\cos\theta)^2$ / $2R$/m	仪器高 i/m	觇标高 v/m	高差 /m	平均值 /m
M	N	825.2680	-0 04 159	-1.0239	0.0535	1.5475	1.7150	-1.1382	1.146
N	M	825.2620	-0 03 530	-0.9322	0.0535	1.7150	1.5475	-1.1532	

注：D'为做气象改正、加常数改正及乘常数改正后的斜距。

第6部分　建筑工程施工测量

一、施工测量前的准备工作

1. 主要目的

施工测量准备工作是保证施工测量全过程顺利进行的基础环节。准备工作的主要目的有以下4项。

(1)了解工程总体情况:包括工程规模、设计意图、现场情况及施工安排等。

(2)取得正确的测量起始依据:包括设计图纸的校核,测量依据点位的校测,仪器、钢尺的检定与检校。这项是准备工作的核心,取得正确的测量起始依据是做好施工测量的基础。

(3)制定切实可行又能预控质量的施测方案:根据实际情况与"施工测量规程"要求制定,并向上级报批。

(4)施工场地布置的测设:按施工场地总平面布置图的要求进行场地平整、施工暂设工程的测设等。

2. 检定与检校仪器、钢尺

(1)经纬仪。

对光学经纬仪与电子经纬仪应按《光学经纬仪检定规程》(JJG 414—2011)与《全站型电子速测仪检定规程》(JJG 100—2003)要求按期送检,此外每季度应进行以下项目的检校:

①水准管轴(LL)垂直于竖轴(VV),误差小于$\tau/4$(τ是水准

管分划值)。

②视准轴(*CC*)垂直于横轴(*HH*),J6、J2 仪器 2*c*(*CC* 不垂直于 *HH* 误差的 2 倍)应在±20″、±16″之内。

③横轴(*HH*)垂直于竖轴(*VV*),J6、J2 仪器 *i*(*HH* 不垂直于 *VV* 的误差)应在±20″、±15″之内。

④光学对中器。

(2)水准仪。

应按《水准仪检定规程》(JJG 425—2003)要求按期送检,此外每季度应进行以下项目的检校:

①水准盒轴(*L′L′*)平行于竖轴(*VV*)。

②视准线不水平的检校,S3 仪器 *i* 角误差应在±12″之内。

(3)测距仪与全站仪。

应按《光电测距仪检定规程》(JJG 703—2003)与《全站型电子速测仪检定规程》(JJG 100—2003)要求定期送检。

(4)钢尺。

应按《钢卷尺检定规程》(JJG 4—1999)要求按期送检。

以上仪器与量具必须送授权计量检测单位检定。

3. 了解设计意图、学习与校核设计图纸

(1)总平面图的校核。

①建设用地红线桩点(界址点)坐标与角度、距离是否对应。

②建筑物定位依据及定位条件是否明确、合理。

③建(构)筑物群的几何关系是否交圈、合理。

④各幢建筑物首层室内地面设计高程、室外设计高程及有关坡度是否对应、合理。

(2)建筑施工图的校核。

①建筑物各轴线的间距、夹角及几何关系是否交圈。

②建筑物的平、立、剖面及节点大样图的相关尺寸是否对应。

③各层相对高程与总平面图中有关部分是否对应。

(3)结构施工图的校核。

①以轴线图为准,核对基础、非标准层及标准层之间的轴线关系是否一致。

②核对轴线尺寸、层高、结构尺寸(如墙厚、柱断面、梁断面及跨度、楼板厚等)是否合理。

③对照建筑图,核对两者相关部位的轴线、尺寸、高程是否对应。

(4)设备施工图的校核。

①对照建筑、结构施工图,核对有关设备的轴线尺寸及高程是否对应。

②核对设备基础、预留孔洞、预埋件位置、尺寸、高程是否与土建图一致。

4. 校核红线桩(定位桩)与水准点

(1)核算总平面图上红线桩的坐标与其边长、夹角是否对应(即红线桩坐标反算):

①根据红线桩的坐标值,计算各红线边的坐标增量。

②计算红线边长 D 及其方位角 φ。

③根据各边方位角按公式(6-1)计算各红线间的左夹角 β_i:

左夹角(β)——前进方向红线边左侧的夹角

左夹角 β_i =下一边的方位角 φ_{ij} −上一边的方位角

$$\varphi_i - 1i \pm 180^\circ \tag{6-1}$$

(2)校测红线桩边长及左夹角:

①红线桩点数量应不少于3个。

②校测红线桩的允许误差：角度±60″、边长1/2500、点位相对于邻近控制点的误差5cm。

(3)校测水准点：

①水准点数量应不少于两个。

②用附合测法校测，允许闭合差为$\pm 6\sqrt{n}$ mm(n为测站数)。

5. 制定测量放线方案

根据设计要求与施工方案，并遵照《建筑施工测量技术规程》(DB11/T 446—2015)与《质量管理和质量保证标准》(GB/T 19000—2008〈idt ISO 9000:2008〉系列标准)制定切实可行又能预控质量的施工测量方案。

(1)准备工作。

①了解工程设计。在学习与审核设计图纸的基础上，参加设计交底、图纸会审，以了解工程性质、规模与特点；了解甲方、设计与监理各方对测量放线的要求。

②了解施工安排。包括施工准备、场地总体布置、施工方案、施工段的划分、开工顺序与进度安排等。了解各道工序对测量放线的要求，了解施工技术与测量放线、验线工作的管理体系。

③了解现场情况。包括原有建(构)筑物，尤其是各种地下管线与建(构)筑物情况，施工对附近建(构)筑物的影响，是否需要监测等。

总之，在制定测量放线方案之前，应做到以上的“三了解”，达到情况清楚，对测量放线的方法与精度要求明确，以便能有的放矢的制定好测量放线方案。

(2)主要内容。

施工测量工作是引导工程自始至终顺利进行的控制性工

作,施工测量方案是预控质量、全面指导测量放线工作的依据。因此,在工程开工之前编制切实可行预控质量的施工测量方案是非常必要的。根据《建筑施工测量技术规程》(DB11/T 446—2015)要求,施工测量方案主要内容如下:

①工程概况。工程名称、工程所属单位、施工单位;工程地理位置;建筑面积、层数与高度;结构类型、平面与立面、室内外装饰;工程特点、施工工期等。

②任务要求。场地、建筑物与建筑红线的关系,定位条件、设计施工对测量精度与进度要求。

③施工测量技术依据、测量方法和技术要求。有关技术规程、技术方案等,所使用的测量仪器工具、作业方法和技术要求。

④起始依据点的检测。平面控制点或建筑红线桩点、水准点等检测情况(包括检测方法与结果)。

⑤建筑物定位放线、验线与基础及±0.000以上施工测量。建筑物定位放线与主要轴线控制桩、护坡桩、基桩的定位与监测;基础开挖与±0.000以下各层施工测量;首层、非标准层与标准层的放线、竖向控制与标高传递;以及由哪一级验线与验线的内容。

⑥安全质量保证体系与具体措施。施工测量组织、管理、安全措施、质量监控、质量分析与处理等。

⑦成果资料整理与提交。包括成果资料整理的标准、规格,提交的手续方法等。

(3)编制内容。

由于建筑小区、大型复杂建筑物及特殊建筑工程占地规模较大,施工场地内的道路以及地上地下设施较多,建筑物及装饰、安装复杂等因素,要求在上述第1条内容的基础上,根据工程的实际情况增加相关的下列内容:

①场地准备测量。根据建筑设计总平面图和施工现场总平面布置图,确定拆迁次序与范围,测定需保留的原有地下管线、地下建(构)筑物与名贵树木的树冠范围,进行场地平整与暂设工程定位放线等工作内容。

②场区控制网测量。按照便于施工、控制全面、安全稳定的原则,设计和布设场区平面控制网与高程控制网。

③装饰与安装测量。会议室、大厅、外饰面、玻璃幕墙等室内外装饰测量;电梯、旋转餐厅、管线等安装测量。

④竣工测量与变形测量。竣工图的编绘,各单项工程竣工测量;根据设计与施工要求提出的变形观测项目和要求,设计变形观测方案:包括布设观测网、观测方法、技术要求、观测周期、成果分析等。

二、建筑施工场地的施工控制测量

城市某个地区的规划设计图上有各种建筑物、构筑物,且分布面很广,在工程建设中,总是分期分批的开发兴建。因此,在测设各个建筑物、构筑物的平面位置时,按开工的先后顺序分批进行。为了保证施工测量的精度和速度,使各个建筑物、构筑物的平面位置和高程都能符合设计要求,相互连成统一体系,在施工测量中应遵循"从整体到局部,先控制后碎步"的测设原则,即首先在施工现场建立一个统一的平面控制网和高程控制网,然后以此控制网为基础测设各单体建筑物、构筑物的位置,这样不管测区的范围有多大,都可以统一精度,分区域、分图幅进行测量工作。

建立施工控制网时,可以利用原测图的控制网,如果原测图控制网在位置、密度和精度上不能满足施工测量放线要求时,应在工程施工前在原有控制网的基础上重新建立统一的施工控制网。施工控制网分为平面控制网与高程控制网，对于一般民用建筑平面控制，可采用导线网和建筑基线；对于工业建筑区平面控制常采用建筑方格网；高程控制根据精度要求采用四等水准或图根水准网。

1. 建筑基线的测设

在面积不大、地势较平坦的建筑场地上，布设一条或几条基准线作为施工测量的平面控制、称为建筑基线。

(1)布设形式。

根据总平面图建筑物的分布、现场地形条件及原有测图控制点的分布情况，可布设成三点“一”字形、三点“L”形、四点“T”字形、五点“十”字形等形式，见图 6-1。

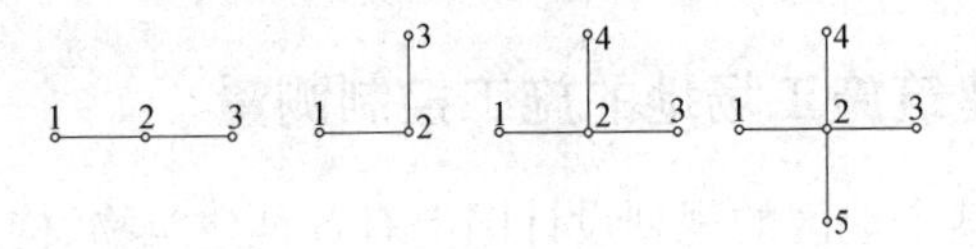

图 6-1 建筑基线形式

(2)布置原则。

①建筑基线应平行或垂直于主要建筑物的轴线，尽量布置在建筑区中央位置，以便用直角坐标法进行测设。

②建筑基线点至少不应少于 3 个，一般有一个纵横轴的交点，宜采用正交轴线点。

③建筑基线相邻点之间应相互通视，便于观测、不受施工影响，不受破坏以便长期保存。

(3)主轴线测设方法。

见图 6-2，图中已知测量控制点Ⅰ、Ⅱ、Ⅲ点位置及坐标。A、O、B 为设计的主轴线点，其坐标亦为已知。首先反算出放样数据β_1、d_1、β_2、d_2、β_3、d_3，因为只有在同一坐标系才能计算测设数据。然后分别在Ⅰ、Ⅱ、Ⅲ控制点上安放经纬仪，按极坐标法用β_1、d_1、β_2、d_2、β_3、d_3分别将A、O、B三个主点测设到地面上，定出A'、O'、B'，见图6-3。再安装经纬仪于O'点，精确测定$\angle A'O'B'$的角值β。若β与180°之差超过±10″时，则对A'、O'、B'的点位进行调整。调整时，先根据三个主点间的距离a，b按下式计算出改正值δ：

$$\delta=\frac{ab}{a+b}(90^\circ-\frac{\beta}{2})\frac{1}{\rho} \tag{6-2}$$

然后将A'、O'、B'点沿主轴线垂直的方向各移动δ值至A、O、B点（注：O′点移动方向与A′、B′两点的移动方向相反），$\beta<180^\circ$，O'向前方向移，$\beta>180^\circ$，O'后向方向移。再重复测定和调整A、O、B至误差在允许范围之内为止。

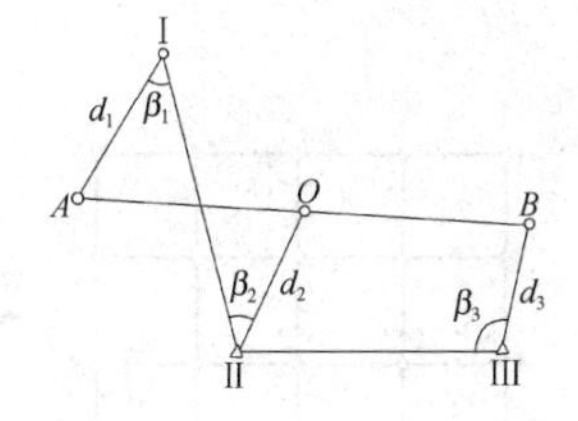

图6-2　建筑基线主轴线测设

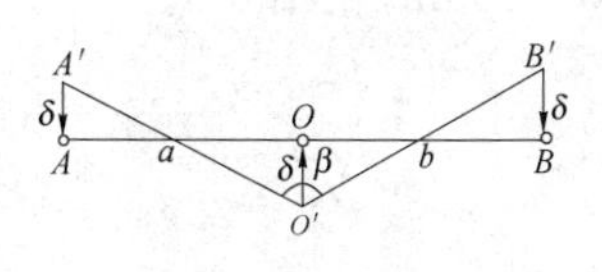

图6-3　将主点测设到地面

当A、O、B三点调整好后，在O点再安装经纬仪，照准A点，分别向右、左测设90°角，根据主点间的距离，在实地标定出C'和D'，见图6-4。再精确地测出$\angle AOC'$和$\angle AOD'$，分别算出它们与90°之差ε_1、ε_2，并按下式计算出改正值l_1、l_2，即

$$l=d\cdot\frac{\varepsilon''}{\rho''} \tag{6-3}$$

式中　d——为OC或OD的距离。

将C'、D'两点分别沿OC与OD的垂直方向移动l_1、l_2得

C、D 两点，C'、D' 的移动方向按观测角值的大小决定，如 $\angle AOC'$ 大于 90°则向左移动，小于 90°则向右移动。然后再检验 $\angle AOD$ 是否等于 180°。其误差应在允许范围内。

最后自 O 点起分别采用精确量距法丈量至 A、B、C、D 的距离。

2. 建筑方格网的测设

在大中型建筑场地上，由正方形或矩形格网组成的施工控制网，称为建筑方格网。

(1)建筑方格网的布置。

根据建筑总平面图中的建筑物、构筑物、道路和各种管线的位置结合现场的地形情况来布设。各方格点的坐标一般取整数，方格网的各边与建筑物平行或垂直，方格网各边长一般取 100～200m，见图 6-5。

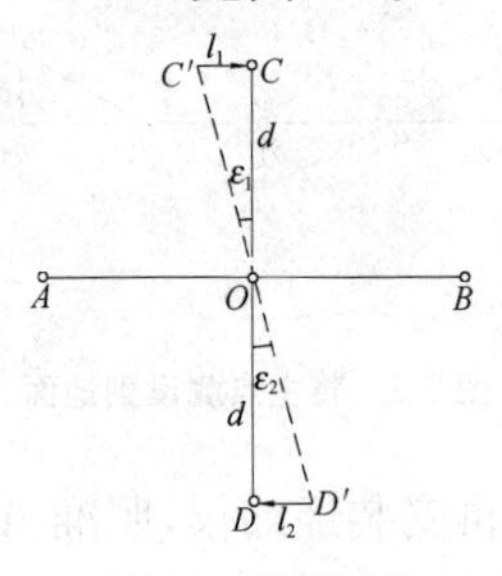

图 6-4 辅助测设

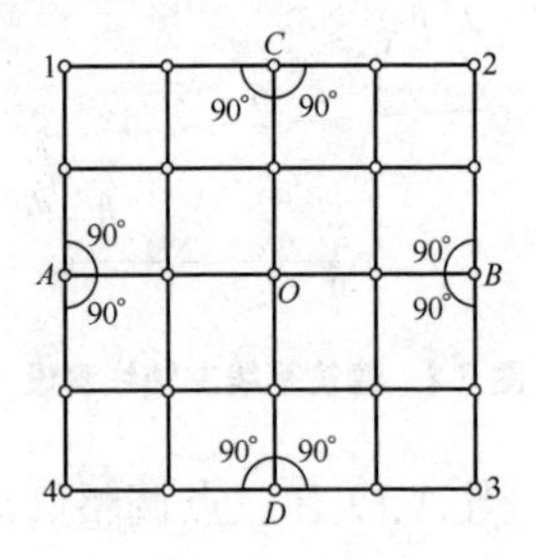

图 6-5 建筑方格网测设

(2)建筑方格网的测设方法。

先按建筑基线测设主轴线、辅轴线的方法测设方格网的主轴线和辅轴线，然后进行分部方格网测设，接着在分部方格网内加密。

①分布方格网测设：用两台仪器经纬仪分别安置在已确定

方格网点 A 和 C 上，以主轴线为 O 方向分别向左、右测设 90°，测得汇交点 1、2、3、4 点。

②直线内分点法加密：在一条方格边上的中间点加密方格网点时，见图 6-6，从已知点 A 沿方向线 AO 丈量至中间点 M 的设计距离 AM，由于定线偏差得 M'。在 M' 安置经纬仪，精确测定 $\angle AM'O$ 的角值 β，按下式求得 δ：

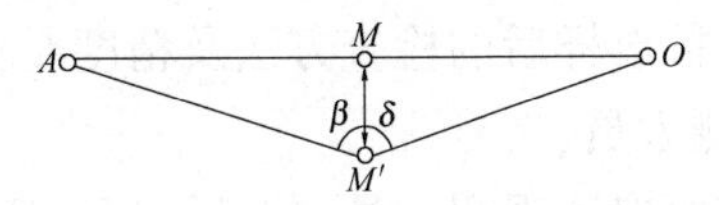

图 6-6　分点加密法

$$\delta=\frac{\Delta\beta''}{2\rho''\cdot D} \tag{6-4}$$

式中　D——AM' 的距离；

$$\Delta\beta''=180°-\beta。$$

然后将 M' 点沿与 AO 直线垂直方向移动 δ 值至 M 点。采用同法加密其他各点位。

建筑方格网测设完成后，还应进行实地检测，检测时可隔点设站测角，并有重点实量几条边长，检测结果应符合规范要求。

三、建筑物定位放线与基础放线

1. 定位测量前的准备工作

(1)熟悉图纸资料。

①熟悉设计图。包括熟悉首层建筑平面图、基础平面图、有关大样图、建筑总平面图及与定位测量有关的技术资料等，从而了解建筑物的平面布置情况，有几道轴线，建筑物长、宽、结构特点。核对各部位尺寸，了解建筑物的建筑坐标，设计高程，在总

平面图上的位置。

②熟悉施工总平面图。熟悉大型临时设施的平面布置情况，长、宽尺寸。了解临时设施的建筑坐标、设计高程、在总平面图上的位置、与永久性建筑物的位置关系。

③熟悉测量放线方案。了解定位测量前的准备工作计划，施工现场控制测量情况，定位测量选定的方法及中心桩放样数据、放样图，中心桩放样后的检查方法及精度要求。

(2)配备施测人员。

测量工作需要仪器观测人员，前、后尺手，记录人员，辅助人员等。

(3)配备仪器、工具。

经纬仪 1 台，脚架 1 个，钢卷尺 1 把，标杆 2 根，木桩若干，锤子 1 把，小钉若干，记录簿，铅笔，小刀。

(4)检校仪器。

检校经纬仪，保证仪器的精度。

2. 选择建筑物定位条件的基本原则

建筑物定位的条件，应当是能准一确定建筑物位置的几何条件。最常用的定位条件是确定建筑物的一个点的点位与一个边的方向。

(1)当以城市测量控制点或场区控制网定位时，应选择精度较高的点位和方向为依据。

(2)当以建筑红线定位时，应选择沿主要街道的建筑红线为依据，并以较长的已知边测设较短边。

(3)当以原有建(构)筑物或道路中心线定位时，应选择外廓(或中心线)规整的永久性建(构)筑物为依据，并以较大的建(构)筑物或较长的道路中心线，测设较小的建(构)筑物见图 6-7。

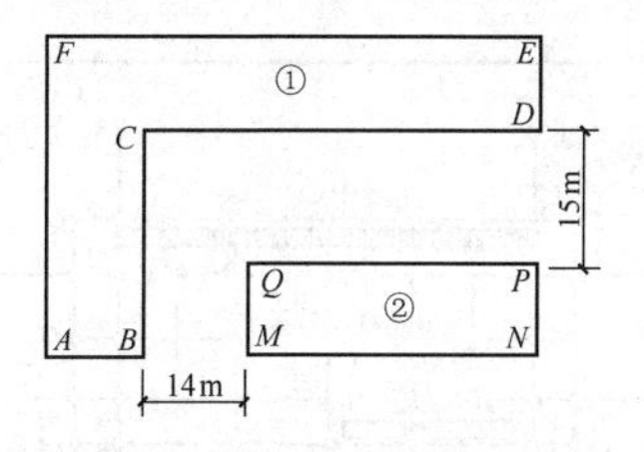

图 6-7　建筑物定位

①原有建筑；②拟建建筑

总之，选择定位条件的基本原则可以概括为：以精定粗，以长定短，以大定小。

3. 建筑物定位放线的基本步骤

根据场地平面控制网，或设计给定的作为建筑物定位依据的建（构）筑物，进行建筑物的定位放线，是确定建筑物平面位置和开挖基础的关键环节，施测中必须保证精度、杜绝错误，否则后果难以处理。在场地条件允许的情况下，对一栋建筑物进行定位放线时，应按如下步骤进行：

（1）校核定位依据桩是否有误或碰动。

（2）根据定位依据桩测设建筑物四廓各大角外（距基槽边 1～5m）的控制桩，见图 6-8 中的 $M'N'Q'P'$。

（3）在建筑物矩形控制网的四边上，测设建筑物各大角的轴线与各细部轴线的控制桩（也叫引桩或保险桩）。

（4）以各轴线的控制桩测设建筑物四大角，见图 6-8 中的 M、N、Q、P 和各轴线交点。

（5）按基础图及施工方案测设基础开挖线。

（6）经自检互检合格后，填写“工程定位测量记录”，提请有关部门及单位验线。沿红线兴建的建筑物定位后，还要由城市

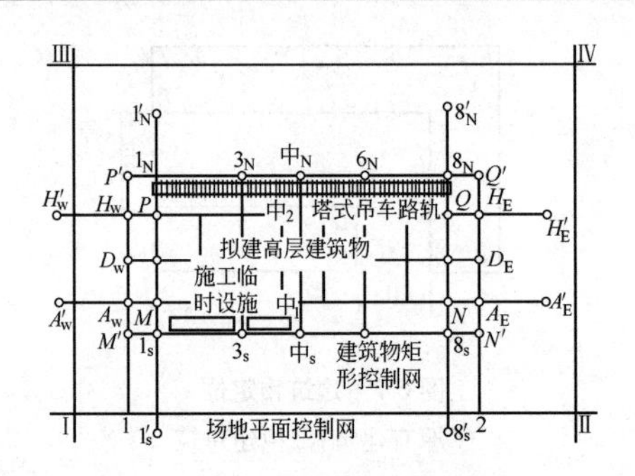

图 6-8　建筑物定位

规划部门验线合格后，方可破土开工，以防新建建筑物压、超红线。

4. 建筑物定位的基本测法

(1)根据原有建(构)筑物定位。

在建筑群内进行新建或扩建时，设计图上往往给出拟建建筑物与原有建筑物或道路中心线的位置关系。此时，其轴线可以根据给定的关系测设。

见图 6-9，$ABCD$ 为原有建筑物，$MNOP$ 为新建高层建筑，$M'N'Q'P'$ 为该建筑的矩形控制网。根据原有建(构)筑物定位，常用的方法有三种。而由于定位条件的不同，各种方法又可分成两类情况：一类情况是见图6-9(1)-(a)类，仅以一栋原有建筑物的位置和方向为准，用图 6-9(1)-(a)的 y、x 值确定新建建筑物位置；另一类情况则是以一栋原有建筑物的位置和方向为主，再加另外的定位条件，见图6-9(1)-(b)中 G 为现场中的一个固定点，G 至新建建筑物的距离 y、x 是定位的另一个条件。

①延长线法。见图 6-9(1)是先根据 AB 边，定出其平行线 $A'B'$；安置经纬仪在 B'，后视 A'，用正倒镜法延长 $A'B'$直线至

M',若为图6-9(1)-(a)情况,则再延长至N',移经纬仪在M'和N'上,定出P'和Q',最后校测各对边长和对角线长;若为图6-9(1)-(b)情况,则应先测出G点至肋边的垂距y_G,才可能确定M'和N'位置。一般可将经纬仪安置在肋边的延长点B',以A'为后视,测出$\angle A'B'G$,用钢尺量出$B'G$的距离,则$y_G = B'G \times \sin(\angle A'B'G - 90°)$。

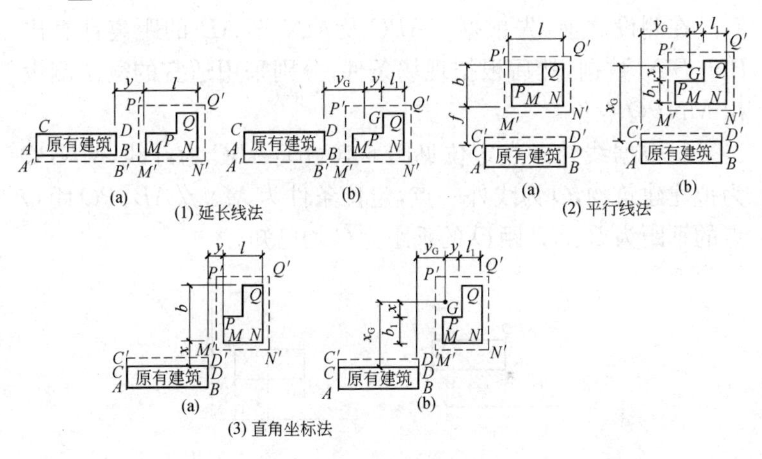

图6-9　根据原有建筑物定位

②平行线法。见图6-9(2)是先根据CD边,定出其平行线$C'D'$。若为图6-9(2)-(a)情况,新建高层建筑物的定位条件是其西侧与原有建筑物西侧同在一直线上,两建筑物南北净间距为x,由$C'D'$可直接测出$M'N'Q'P'$矩形控制网;若为图6-9(2)-(b)情况,则应先由$C'D'$测出G点至CD边的垂距x_G和G点至AC延长线的垂距y_G,才可以确定M'和N'位置,具体测法基本同前。

③直角坐标法。见图6-9(3)是先根据CD边,定出其平行线$C'D'$。若为图6-9(3)-(a)情况,则可按图示定位条件,由C'

D'直接测出$M'N'P'O'$矩形控制网；若为图6-9(3)-(b)情况，则应先测出G点至BD延长线和CD延长线的垂距y_G和x_G然后即可确定M'和N'位置。

(2)根据红线或定位桩定位

①根据线上一点定位见图6-10(a)：ABC为红线，$MNPQ$为拟建建筑物，定位条件为$MN /\!/ AB$、N点正在红线上。

在测设之前，先根据$\angle ABC$及MN至AB的距离计算出BN、$B'N$数据，然后根据现场条件，分别采用适宜的测法测设出$MNPQ$点位。

②根据线外一点定位见图6-10(b)：ABC为红线，$MNPQ$为拟建建筑物，O为线外一点，定位条件为$MN /\!/ AB$、PO距O点的垂距为B、NP距O的垂距为C均已知。

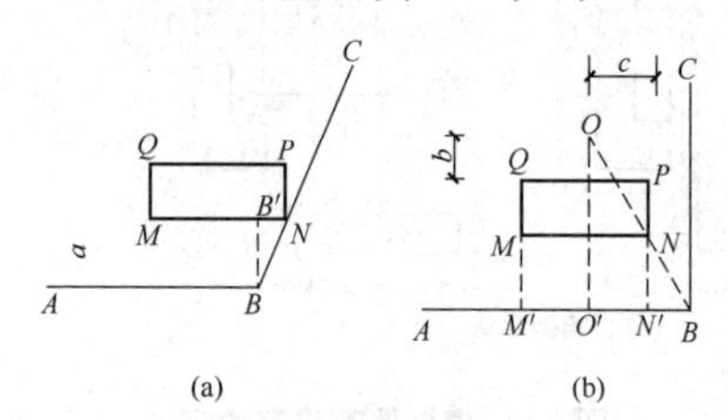

图6-10　根据红线定位

首先，实测$\angle ABO$与BO距离，计算出MN与AB的距离，然后根据现场条件，分别采用适宜的测法测设出$MNPQ$点位。

以上无论采用哪种测法，点位测设后均应校测定位条件及自身几何条件是否符合设计要求。

(3)根据场地平面控制网定位。

见图6-11，在施工场地内设有平面控制网时，可根据建筑物各角点的坐标用直角坐标法测设。

(4)定位测量实例。

①放样图。见图6-12。1、2、3、4为房屋角点，C、D为已知

坐标点，见表 6-1。

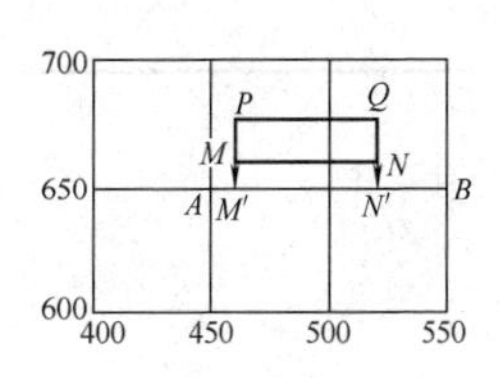

图 6-11 直角坐标法测设

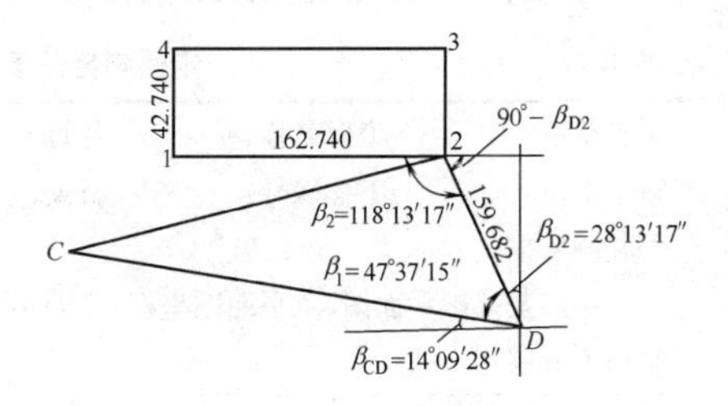

图 6-12 放样图

表 6-1 各点坐标

点位		C	D	1	2	3	4
建筑坐标	A	688.230	598.300	739.000	739.000	781.740	781.740
	B	512.100	908.250	670.000	832.740	832.740	670.000

放样数据计算如下。

a. 计算放样长度，用坐标反算的方法：

$L_{2D}=\sqrt{(739.00-598.30)^2+(832.74-908.25)^2}$

$=159.682\text{m}$；

$L_{1、2}=L_{4、3}=832.74-670.00=162.74\text{m}$；

$L_{1、4}=L_{2、3}=781.74-739.00=42.74\text{m}$。

b. 计算放样角度，用坐标反算的方法

$R_{D2}=\tan^{-1}\dfrac{\Delta B}{\Delta A}=\tan^{-1}\dfrac{75.51}{140.70}=28°13'17''$；

$\alpha_{D2}=360°-28°13'17'=331°46'43''$。

同理：反算 $\alpha_{DC}=284°09'28''$

$\beta_1=\alpha_{D2}-\alpha_{DC}=331°46'43''-284°09'28''=47°37'15''$；

$\beta_2=\alpha_{2、1}-\alpha_{2D}=270°-(331°46'43''-180')$

$=118'13''17''$。

将放样数据填入放样图中，见图 6-12。

②定位测量记录，见表 6-2。

表 6-2　定位测量记录

建设单位：　　工程名称：　　地址：

施工单位：　　工程编号：　　日期：　年　月　日

①施测依据。

一层及基础平面图，总平面图坐标，C、D 两控制点。

②施测方法和步骤。

测站	后视点	转角	前视点	量距定点	说明
D	C	47°37′15″	2	2	
2	D	118°13′17″	1	1	
2	1	90°	3	3	
1	2	270°	4	4	
3	2	90°	4	闭合差角＋10″、长＋12mm	检查合格

③高程引测记录

测点	后视读数	视线高	视线读数	高程	设计高	说明
D	1.320	120.645		119.325		
2			1.045	119.600	119.800	−0.200

④说明：高程控制点与控制网桩合格，桩顶标高为−0.200m

	甲方代表		技术负责人	
	审　　核		质 检 员	
			测 量 员	

5. 房屋基础工程的抄平放线

房屋放线是指根据定位的角点桩，详细测设其他各轴线交点的位置，并用木桩标定出来称为中心桩。据此按基础宽和放坡宽用白灰线撒出基槽边界线。

抄平是指同时测设若干同一高程的点。此处是指测设±0.000及其他若干已知高程的点。

(1)设置龙门板。

设置龙门板挖基槽(坑)时,定位中心桩不能保留。为了便于基础施工,一般都在开挖基槽(坑)之前,在建筑物轴线两端设置龙门板。将轴线和基础边线投测到龙门板上,作为挖槽(坑)后各阶段施工中恢复轴线的依据。

龙门板由龙门桩和龙门板组成,见图6-13。

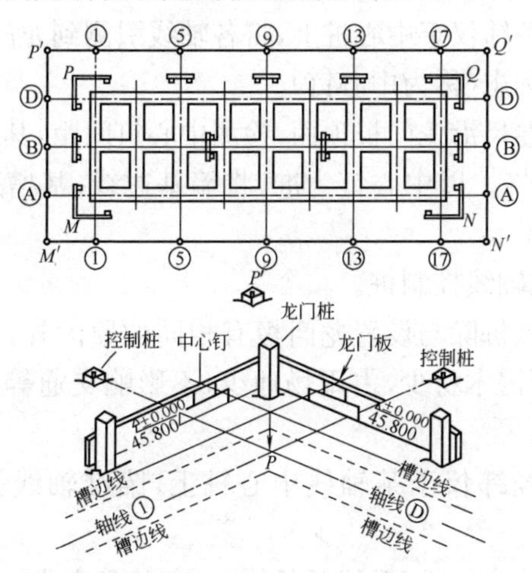

图6-13　龙门板

设置龙门板的步骤及检查测量:

①钉龙门桩:支撑龙门板的木桩称龙门桩。一般用5cm×5cm～5cm×7cm木方制成,钉龙门桩步骤。

a. 在建筑物轴线两端,基槽边线1.5～2m处钉龙门桩,桩要竖直、牢固,桩侧面应与轴线平行。

b. 用水准测量的方法,在龙门桩外侧面上测设±0.000标高线,其误差不得超过±5mm。

c. 建筑物同一侧的龙门桩应在一条直线上。

②钉龙门板步骤及检查测量。

a. 将龙门板顶面（顶面为平面），沿龙门桩上±0.000标高线钉设龙门板。

b. 用水准仪校核龙门板顶面标高，其误差不容许超过±5mm，否则调整龙门板高度。

(2)投测轴线及检查测量。

①安置经纬仪于中心桩上，将各轴线引测到龙门板顶面上，并钉小钉作标志（称为中心钉）。

②用钢卷尺沿龙门板顶面，检测中心钉间距，其误差不超过1/2000为合格。以中心钉为准，将墙基边线、基槽边线标记到龙门板顶面上。

(3)设置轴线控制桩。

设置控制桩除与设置龙门板有相同的原因外，控制桩还有以下优点：所需木材少，占用场地少，不影响交通等。设置控制桩步骤如下。

①安置经纬仪于某轴线中心桩上，瞄准轴线另一端的中心桩。

②在视线方向上（轴线延长线上）离基槽边线4～5m外的安全地点，钉设两个用水泥砂浆浇灌的木桩，并把轴线投设到桩顶，用小钉标志。

(4)一般基础工程抄平放线。

①确定基槽（坑）开挖宽度，见图6-14。

$$b = b_1 + 2(c + b_2) \qquad (6\text{-}5)$$

$$b_2 = pH \qquad (6\text{-}6)$$

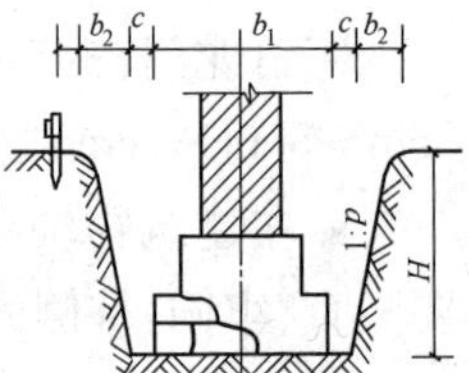

式中 b——开挖宽度(m)；

b_1——基础底宽(m)；

c——施工工作面；

图6-14 基槽开挖

p——放坡系数，按施工组织设计规定计算；

H——挖槽(坑)深度(m)。

施工工作面可按施工组织设计规定计算；如无规定，按下列规定计算：

a. 毛石基础或砖基础每边增加工作面15cm。

b. 混凝土基础或垫层需支模的，每边增加工作面30cm。

c. 使用卷材或防水砂浆做垂直防潮层时，增加工作面80cm。

②基槽坑放线。根据中心桩或龙门板中心钉，按基槽(坑)宽度，确定出开挖边界，然后用白灰撒出边界线标志在地面上，作为开挖依据。

③测设水平桩。见图6-15，括号内为绝对高程，图中槽下木桩为水平桩。

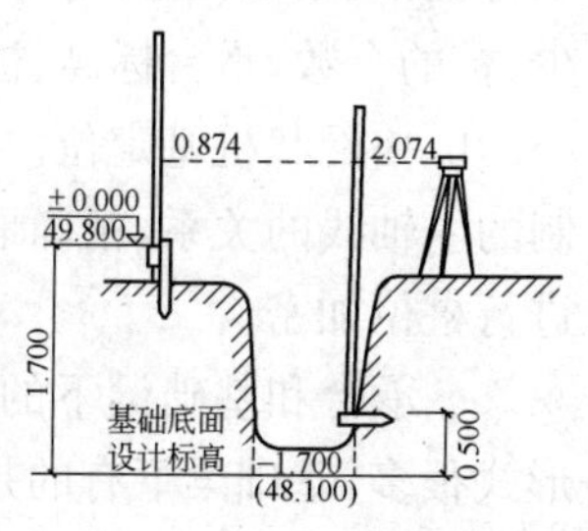

图6-15　测设水平桩

水平桩的定义：当基槽(坑)开挖至接近槽(坑)底时，在基槽(坑)壁上自拐角开始，每隔3～5m测设一个比槽(坑)底设计高程高0.3～0.5m的水平桩，作为控制深度、修平槽底、打基础垫层的依据。

a. 安置水准仪于槽边上。

b. 竖水准尺于±0.000，水准仪后视±0.000水准尺，读数为0.874，则视线距槽底高差h_1为：

$$h_1=0.874+1.700=2.574\text{m}。$$

c. 水平桩距槽底高差设计为$h_2=0.5$m，则水平桩高程为：

$$H_{水}=-1.700+0.500=-1.200\text{m}。$$

d. 指挥前视尺上、下移动。当前视读数$b=h_1-h_2=2.574$

-0.500=2.074m时，沿尺底向槽壁水平钉入木桩，与尺底相接面的高程为-1.200m。

④撂底。垫层打好后，依据控制桩或龙门板将轴线位置投设到垫层上，并用墨线弹出基础墙中线，基础边线叫撂底。以作为砌筑基础的依据。

⑤找平。基础施工结束后，用水准仪检查基础面是否水平，称为找平。基础找平以便于立皮数杆砌筑墙体。

(5)桩基础施工测量。

①桩基础定位测量。

a. 认真熟悉图纸。详细核对各桩布置情况：是单排桩还是双排桩，或是梅花桩，每行桩与轴线的关系、是否偏中，桩距是多少、桩的个数，承台标高、桩顶标高等。

b. 格网状桩基定位。根据桩基格网的4个角点与控制桩控制的主轴线的关系，精确地测设出4个角点，然后根据4个角点进行桩位加密。

c. 承台和基础梁下的桩基定位。承台下是群桩，群桩排列形式很多，基础梁下有的是单排桩，有的是双排桩。测设时一般是按照"先整体，后局部"、"先外廓，后内部"的顺序进行，即首先按行、按排找出桩基轴线与主轴线关系，测设出这些桩基轴线及轴线上桩基。不在轴线上的桩基根据其与轴线的关系用直坐标法测设。

d. 测设出的桩位均用小木桩标志，但角点及桩轴线两端的桩，应在木桩顶面上用中心钉标出位置，以供放线和校核。

e. 桩基定位精度要求。

根据主轴线测设桩基轴线位置，其容许偏差为20mm，单排桩则为10mm。

沿桩轴线测设桩位，纵向偏差不得大于30mm，横向偏差不得大于 20mm。

f. 测设群桩：

群桩外周边上的桩，测设偏差不得大于桩径或桩边长（方形桩）的 1/10；群桩中间部位的桩，测设偏差不得大于桩径或桩边长的 1/5。

②初步定位后桩位的检测：所有的桩位测设完毕后，根据测设数据重新在木桩顶上测设出桩的设计位置，如在上述限差范围内为合格，否则进行调整至合格。

③桩基放线。根据桩基定位桩，测设出圆形桩的中心线控制桩或矩形桩的轴线控制桩。然后，根据圆形桩半径，矩形桩边长用白灰撒出桩基边线。

④桩基抄平。桩基成孔后，浇筑混凝土前在每个桩附近重新抄测标高桩，以便正确掌握桩顶标高和钢筋外露长度。

四、结构施工和安装测量

1. 砌筑工程的抄平放线

（1）基础砌筑工程的抄平放线。

基础放线是保证墙体平面位置的关键工序，是体现定位精度的主要环节。

①基础砌筑工程抄平放线步骤。

a. 抄平：测设水平桩。根据水平桩确定垫层上皮高度或基础墙底高度。

b. 放线：放线步骤详见第三节“建筑物定位放线与基础放线”的相应内容。

②放线注意事项：

a. 投测放线前应对龙门板、控制桩进行复查，发现错误及时纠正。

b. 对于偏轴线基础，要注意偏中方向。

c. 附墙垛、烟囱、伸缩缝、洞口等特殊部位要标志清楚，以免遗漏。

d. 基础砌体宽度误差不准出现负值。

③基础砌筑工程立皮数杆（也称线杆）。

a. 画皮数杆：皮数杆是控制砌体标高的重要依据。画皮数杆要按建筑剖面图和有关大样图的标高尺寸进行，在皮数杆上按1∶1的比例标明砖层、灰缝、门窗洞、过梁、楼板、预留孔洞等的标高位置。如洞口或楼层不是砖层的整数倍，可通过灰缝厚度来调节，灰缝厚度可为 8～12mm，见图 6-16。

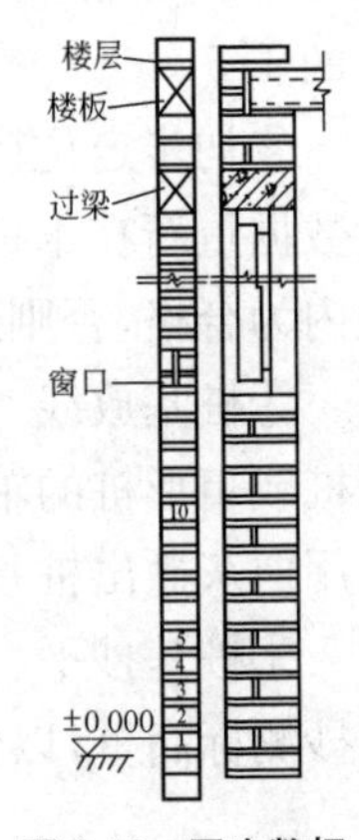

图 6-16　画皮数杆

b. 立皮数杆：立皮数杆的基准点是±0.000，立皮数杆步骤如下。

第一，皮数杆一般立在房屋转角处和隔墙处。

第二，在槽下立杆处钉一木桩，用水准仪在木桩侧面标出高于基础底面某一数值（如 20cm）的标高线。

第三，在皮数杆上也标出桩上这一标高线位置。

第四，立杆时，将地面上±0.000 与杆上±0.000 对齐。又将槽下桩上标高线与皮数杆上同标高线对齐，然后将皮数杆钉牢于槽下桩上即可，见图 6-17。

(2)底层墙体砌筑工程的抄平放线。

①弹线定位。

a. 复核龙门板（或控制桩）：基础工程结束后应对龙门板（或

控制桩)进行认真检查、复核,复核无误后进行下一步。

b.弹线定位:依据龙门板或控制桩将轴线测设到基础或防潮层部位的侧面,见图6-18。也可投测到室内±0.000平面上,做好标志,作为控制点,墙体轴线位置便得以确定,也可作为向上投测轴线的依据。

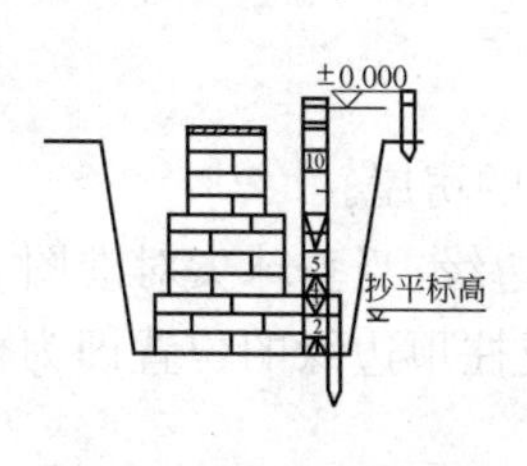

图6-17　基础立皮数杆

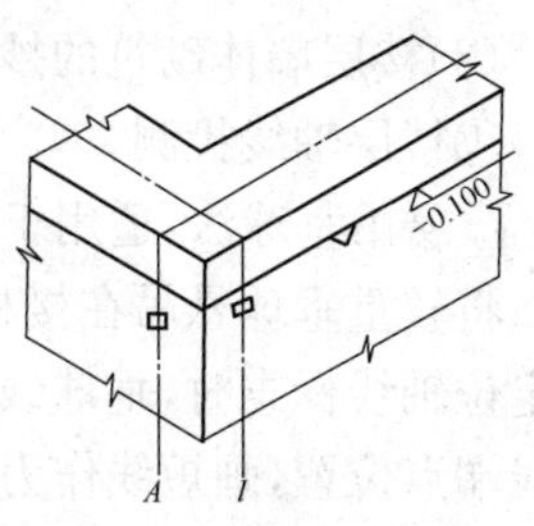

图6-18　弹线定位

②立皮数杆,见图6-19。

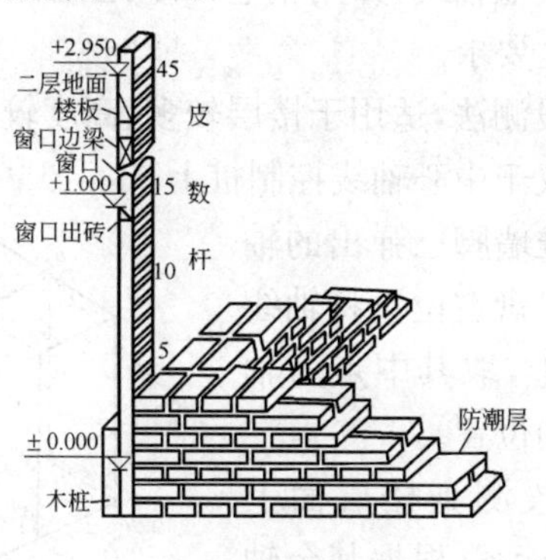

图6-19　墙身立皮数杆

画皮数杆、立皮数杆与基础墙大致相同,不同处有以下几点:

a.墙体工程砌筑立皮数杆,只有±0.000一个基准线,因此，立皮数杆时一定要用垂球校正其竖直后，再钉牢。

b. 墙体砌筑要搭脚手架，因此，搭外脚手架时，皮数杆立于墙内侧，采用里脚手架时皮数杆应立于墙外侧。

d. 框架或钢筋混凝土柱间墙砌筑，每层皮数可画于柱侧面上，而不立皮数杆。

(3)楼层墙体砌筑的抄平放线。

①楼层轴线投测。

a. 悬吊垂球法，适用于楼层不多的房屋。

将较重垂球悬吊在楼板或柱顶边缘，当垂球尖对准图 6-18 中定位轴线标志时，垂球线在楼板或柱顶边缘的位置即为楼层轴线端点位置，画短线作为标志。

用上法投测轴线另一端点，两端连线即为楼层墙体定位轴线。

同法投测其他轴线，并用钢卷尺量距，校核各轴线间距，是否达到定位精度要求。

b. 经纬仪投测法，适用于楼层较多、高度较高的房屋。

安置经纬仪于中心轴线控制桩上。

望远镜照准墙脚已弹出的轴线位置，用盘左、盘右位置将轴线投测到楼层面上，取其中点为轴线在楼层面上的位置。

中心轴线投测到楼层面上后，组成直角坐标系，根据其余轴线与此坐标系的关系，在楼层面上测设出其余轴线，见图 6-20。

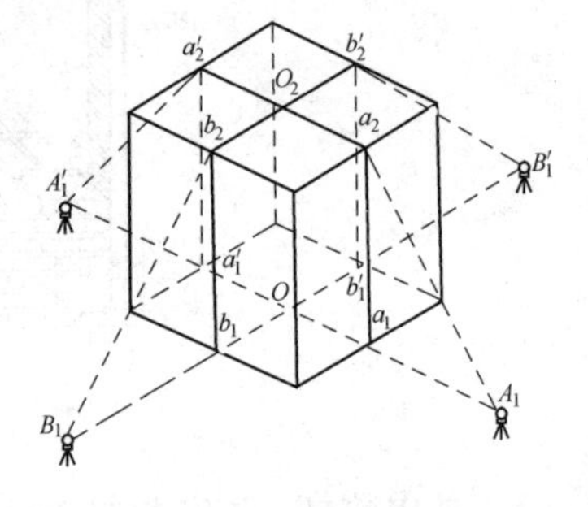

图 6-20　经纬仪法投测轴线

c. 垂准线投测法，适用于施工场地狭小、建筑物外无法安置经纬仪投测的情况。

此法是在建筑物底层，测设室内轴线控制点，然后在控制点的铅垂方向上的各层楼面预留约200mm×200mm的传递孔，并在孔洞周围用砂浆做成20mm高的防水斜坡。投测方法有以下几种。

第一，吊线法是用直径为0.5～0.8mm的钢丝悬吊10～20kg重的特制大垂球；在楼层上从传递孔内放下大垂球，垂球尖对准底层控制点；楼层上钢丝的一端，便与底层控制点位于同一铅垂线上。

每个点投测两次，两次投点偏差在投点高度小于5m时不大于3mm；高度在5m以上时不大于5mm，取平均位置为正确投点位置。

第二，激光铅直仪法。

安置仪器于底层轴线控制点上，进行严格的调平和对中。

在施工层预留传递孔中央，设置用透明聚酯膜片绘制的接收靶。

启辉激光器，进行光斑聚焦，接收靶上接收到一个最小直径的激光光斑。

水平旋转仪器，检查光斑有无划圆情况；调整仪器垂直度，直到无划圆现象为止，以保证激光束铅直。

移动靶心使其与光斑中心重合，将接收靶固定，则靶心与底层轴线控制点在同一铅垂线上。

②高程传递。

a. 皮数杆传递高程：一般建筑物可采用皮数杆来传递高程。当一层楼砌完后，在此层皮数杆的基础上，一层一层向上接皮数杆，便可将高程传递到各楼层。

b. 用钢卷尺测量传递高程：底层墙砌到1.5m高后，根据±0.000桩用水准测量方法，在墙上标出+0.5m标高线。然后，通过楼梯间，以底层＋0.5m标高线为准，用钢卷尺逐层向上引测高程。每层都测设出本层＋0.5m标高线，作为向上一层传递高程的依据和作为本层抄平的依据。

每层应分别测设3处＋0.5m标高线，然后，用水准测量方法进行校核，其3处高差应不超过±3mm。

2. 现浇钢筋混凝土框架结构的施工放线

(1)钢筋混凝土框架结构的基础一般有两种形式，第一种是条形基础，首层柱线弹在基础梁上；第二种是筏式基础，首层柱线弹在棱台基础上。

(2)由于柱子主筋均设在轴线位置上，故直接测设轴线多不易通视。为此，框架结构轴线控制的设置与围护结构有所不同。若直接控制轴线，多不便使用。在建筑物定位时，需考虑平行借线控制。借线尺寸，根据工程设计情况及施工现场条件而定，可控制柱边线，或平移一整尺寸，但各条控制线的平移尺寸与方向应尽量一致，以免用错。因此建议，所有南北向轴线(①、②、……)一律向东借1m，只有最东一条轴线向西借1m。所有东西向轴线(Ⓐ、Ⓑ、……)一律向北借1m，只有最北一条轴线向南借1m。

(3)施工层平面放线，除测设各轴线外，还需弹出柱边线，作为绑扎钢筋与支模板的依据，柱边线一定要延长出15～20cm的线头，以便支模后检查用。

(4)柱筋绑扎完毕后，在主筋上测设柱顶标高线，作为浇筑混凝土的依据，标高线测设在两根对角钢筋上，并用白油漆做出明显标记。

(5)柱模拆除后，在柱身上测设距地面1m水平线，若是矩形柱，四角各测设一点，若是圆形柱，在圆周上测设三点，然后用墨线连接。

(6)用经纬仪将地面各轴线投测到柱身上,弹出墨线,作为框架梁支模以及围护结构墙体施工的依据。

二层以上结构施工放线,仍需以首层传递的控制线与标高作为依据。

3. 大模板结构的施工放线

大模板结构包括内浇外挂、全现浇工艺等,也称钢筋混凝土剪力墙结构。

(1)施工层平面放线的方法与结构基本相同。在对主轴线控制桩进行校测后,将建筑物各轴线、内外墙边线、门窗洞口位置线、隔墙线、大模板就位线等一并弹出。

(2)当内墙大模板拆除后,再以外墙上的水平标志点引测各房间的内墙水平线,全现浇工艺施工时,墙身水平线要在内外墙全部浇完后,再逐一房间测设。

(3)预制隔墙板安装前,将楼(地)面上的墙边线投测到两端大墙立面上,作为立板的依据。

(4)各施工层标高及主轴线的竖向传递,均与结构放线方法相同。

4. 装配式钢筋混凝土框架结构的施工放线

(1)首层平面放线,方法与现浇框架结构基本相同。先测设建筑物四廓主轴线,经闭合校测后,弹出各细部轴线,使每根柱位上形成十字线,作为预制柱就位的依据,见图 6-21。

(2)对基础柱顶预埋铁板的标高进行复测、记录,以便施工人员在柱子安装之前,进行加焊或剔凿调整,以保证柱顶标高正确。

(3)构件进场后,用钢尺校测其几何尺寸,若发现与设计不符,事先采取措施,以免安装后再返工。

(4)在柱身三面及梁两端分别弹出安装中心线。见图 6-21(a)。由于柱子制作的几何尺寸存在误差,柱截面不一定是矩形,故第三面中线不能直接分中标定,而应根据已标好的两面中线作垂线,延长至第三面,以此确定中线,见图6-21(b)。

(5)预制柱安装时,以安装中心线为准,用甲、乙两台经纬仪在两个相互垂直的方向上,同时校测柱子的铅直度。为能够安置一次仪器校测多根柱子,在柱身上下为一平面时,甲经纬仪可不安置在轴线上,但应尽量靠近轴线,仪器与柱列轴线的夹角口不大于 15°。见图 6-22,为提高校测精度,应注意以下操作要点:

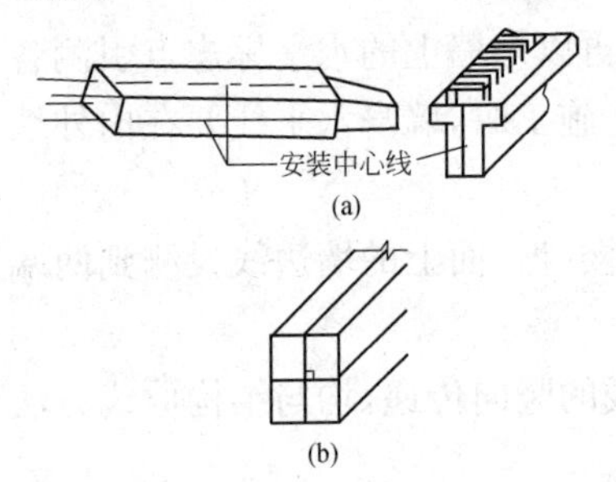

图 6-21 预制柱、梁上的弹线

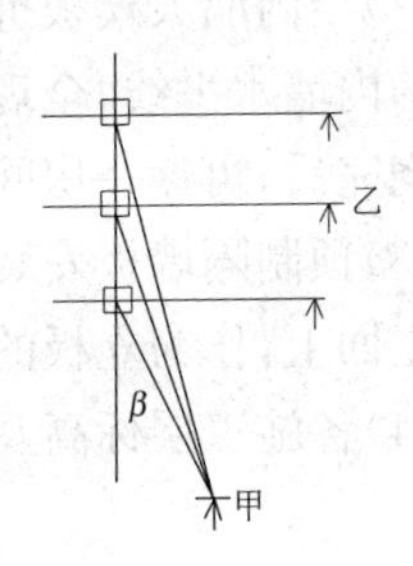

图 6-22 经纬仪校测柱身

①所用经纬仪应严格进行检校。

②使用仪器时,应严格定平长水准管。

③观测柱中心线时,其上下标志点应位于同一平面上。

(6)柱子安装就位后,在柱身上测设距地面 1m 水平线,柱顶主次梁标高均可依此线向上量取。

(7)预制梁安装位置线的测设,仍应以楼(地)面轴线向上投测，而不直接使用柱身中线，以避免柱子安装误差的影响。测设时，将轴线平行移至柱外，在一端安置经纬仪，对中、定平，后视另一端平行线，抬高望远镜。另一人在柱顶上横放一直尺，左右移动。当经纬仪视线与尺端重合时，从尺端量回平移尺寸，即为轴线位置，见图6-23。

(8)顶板迭合梁浇筑前，在柱主筋上测设结构板面标高，作为预埋柱头连接铁板的依据，标记划在两根对角钢筋上，因埋铁标高直接影响上一层的柱顶标高、梁顶标高，以至结构层高，故应特别注意测设精度。

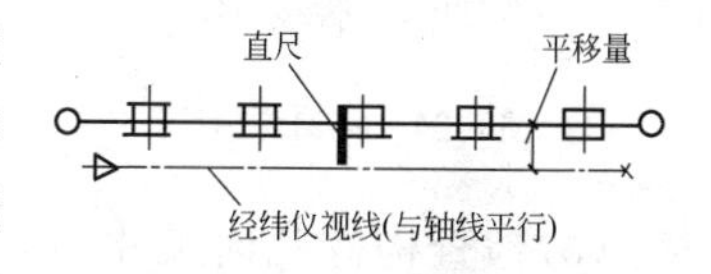

图6-23　平移轴线校测

5.单层厂房结构的施工放线

单层厂房一般采用现浇钢筋混凝土杯形基础，预制柱、吊车梁、钢屋架或大型屋面板结构形式，其放线精度要高于民用建筑。

(1)杯口弹线。

根据经过校测的厂房平面控制网，将横纵轴线投测到杯形基础上口平面上，见图6-24。当设计轴线不为柱子正中时(如边柱)，还要在杯口平面上加弹一道柱子中心位置线，作为柱子安装就位的依据。

(2)杯口抄平。

根据标高控制网或±0.000水准点，在杯口内壁四周，测设一条水平线。其标高为一整分米数，一般比杯口表面设计标高低10～20cm，作为检查杯底浇筑标高及后抹找平层的依据。见图6-25。

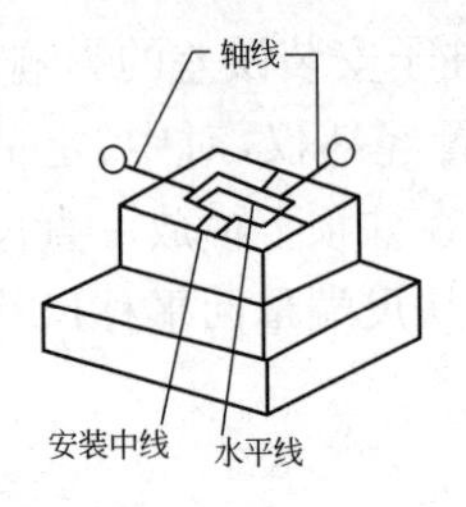

图 6-24 杯口弹线

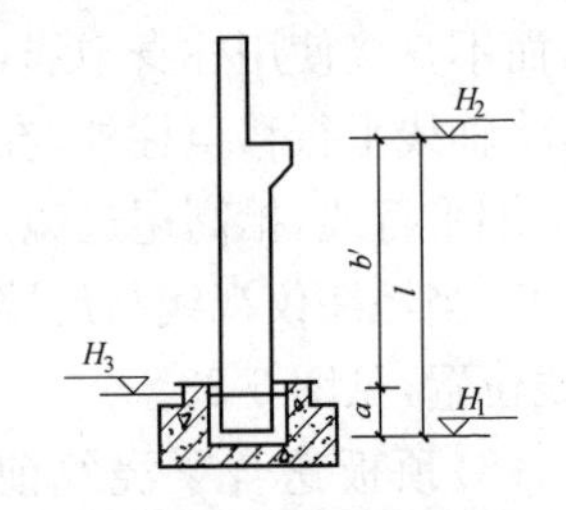

图 6-25 杯口表面标高校测

(3)检查构件几何尺寸。

在厂房构件中，柱身尺寸准确是关键。尤其是牛腿面标高，直接影响吊车梁、轨道的安装精度。所以，在柱子安装之前，应用钢尺校测柱底到牛腿面的长度，若发现构件制作误差过大，则应在抹杯底找平层时予以调整。保证安装后，牛腿面标高附合设计要求，在量柱长时，应注意由牛腿埋件四角分别量至柱底，并以其中最大值为准，确定杯底找平层厚度。

示例：见图 6-25，预制柱牛腿面设计标高$H_2=7.50\text{m}$，柱底设计标高 $H_1=-1.100\text{m}$，杯口水平线标高 $H_3=-0.600\text{m}$。牛腿面至柱底长度 $l=H_2-H_1=7.500-(-1.100)=8.600\text{m}$。

即：由牛腿面向下量 $b=H_2-H_3=7.500-(-0.600)=8.100\text{m}$，在柱身上弹线(此线与杯口水平线同高)。

水平线至杯底深度 $a=l-b=8.600-8.100=0.500\text{m}$。

实量柱身上水平线至柱底四角深度 $a_1=0.494\text{m}$，$a_2=0.503\text{m}$，$a_3=0.497\text{m}$，$a_4=0.509\text{m}$，则找平层表面至杯口水平线距离 $a'=a_4=0.509\text{m}$。

(4)绘制与测设围护墙皮数杆。

在框架结构安装完毕后，即可按杯口轴线砌筑围护墙。此时，绘制皮数杆，但测设方法与混合结构有所不同。由于厂房外墙是在两柱之间分档砌筑，每根柱子均在轴线处，故可采取以下方法测设皮数杆：先根据外墙设计内容画好一根样杆，在杆上标出＋1.000m水平线，另在每根柱身上测设相应水平线。将样杆贴在柱子一侧，两个＋1.000m水平线对齐后，用红铅笔按样杆内容划在柱身两侧，即可作为砌筑围护墙的竖向依据。

6.单层厂房预制混凝土柱的安装测量

混凝土柱是厂房结构的主要构件，其安装精度直接影响到整个结构的安装质量，故应特别重视这一环节的施工，确保柱位准确、柱身铅直、牛腿面标高正确。

(1)柱身弹线。

先在柱身三面弹出中心线。对于牛腿以上截面变小的一面，由于中线不能从柱底通到柱顶，安装时不便校测，故应在带有上柱的一边，弹一道与中线平行的安装线，作为铅直校测的标志。见图6-26(a)。

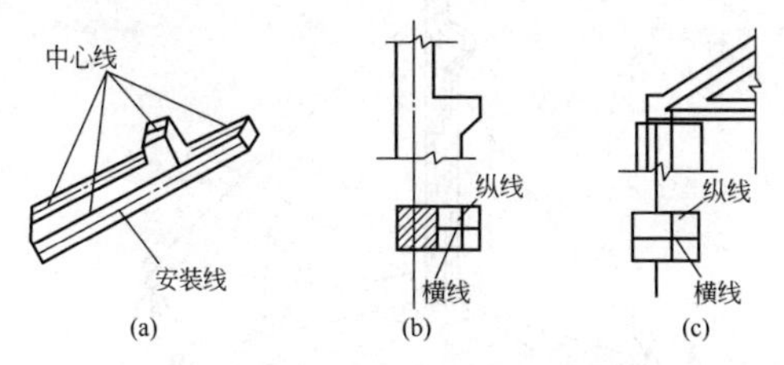

图6-26　预制混凝土柱安装

(a)柱身弹线；(b)牛腿面弹线；(c)柱顶弹线

厂房柱子一般均较高，故在弹线时，需在柱底柱顶之间加设辅点，分段弹线。此时，应先定出两端中点，然后拉通小线，再标出中间点，而不能根据柱边量出各点。因为构件生产时，不可能保证柱边绝对铅直，这样就会使直线变为折线，影响铅直校测精度。

(2)牛腿面弹线。

牛腿表面应弹两道相互垂直的十字线,横线与牛腿上下柱小面中线一致;纵线与纵向轴线平行,其位置需根据吊车梁轨距与柱轴线的关系计算,然后由中线(或安装线)量取,见图 6-26(b),作为吊车梁安装就位的依据。

(3)柱顶弹线。

上柱柱顶也应弹两道相互垂直的十字线,横线与柱小面中线一致;纵线与纵向轴线平行,其位置需根据屋架跨度轴线至柱轴线距离计算,然后由中线(或安装线)量取,见图 6-26(c),作为屋架安装就位的依据。

(4)安装校测。

见图 6-27,用两台经纬仪安置在相互垂直的两个方向上,同时进行校测。为保证校测精度,应注意以下几点。

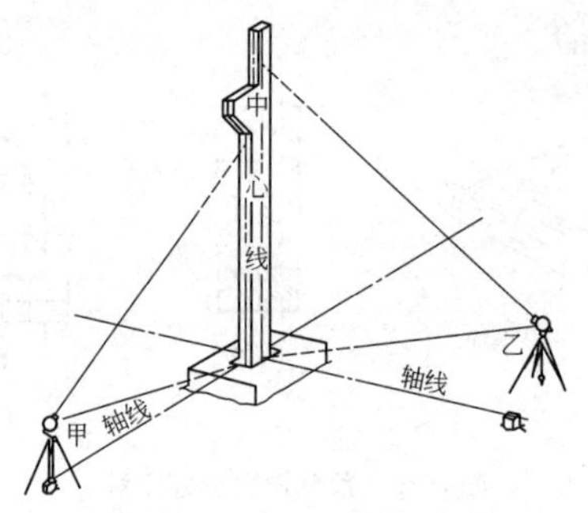

图 6-27 柱身安装校测

①校测前,对所用仪器进行严格的检校,尤其是 $HH \perp VV$ 的检校,因为此项误差对高柱的校测影响更大。

②正对变截面柱,经纬仪应严格安置在轴线(或中线)上,且尽量后视杯口平面上的轴线(或中线)标记,这样不但能校测柱身的铅直,而且能够同时校测位移,从而提高安装精度。

③尽可能将经纬仪安置在距柱较远处,以减小校测时的视线倾角,削弱 HH 不垂直于 VV 误差的影响。

④对于柱长大于 10m 的细长柱子,校测时还要考虑温差影响。如在阳光照射下,柱子阴阳两侧伸长不均,致使柱身向阴面弯曲,柱顶产生水平位移。因此,校测时,要考虑这一因素,采取必要的措施。可事先预留偏移量,使误差消失后,柱身保持铅直;或尽可能选择在早、晚或阴天时校测。

⑤在柱子就位固定后,还应及时进行复测。当发现偏差过大时,应及时校正。另外,在柱顶梁、屋架、屋面板安装后,荷载增加,柱身有外倾趋势,此因素也应在校测及复测时加以考虑。

五、高程传递和轴线竖向投测

1. 建筑物的高程传递

(1)传递位置。

选择高程竖向传递的位置,应满足上下贯通铅直量尺的条件,主要为结构外墙、边柱或楼梯间等处。一般高层结构至少要由 3 处向上传递,以便于施工层校核、使用。

(2)传递步骤。

①用水准仪根据统一的±0.000 水平线,在各传递点处准确地测出相同的起始高程线。

②用钢尺沿铅直方向,向上量至施工层,并划出整数水平线,各层的高程线均应由起始高程线向上直接量取。

③将水准仪安置在施工层,校测由下面传递上来的各水平线,较差应在±3mm 之内。在各层抄平时,应后视两条水平线以作校核。

(3)操作要点。

①由±0.000水平线量高差时,所用钢尺应经过检定,尺身铅直、拉力标准,并应进行尺长及温度改正(钢结构不加温度改正)。

②在预制装配高层结构施工中,不仅要注意每层高度误差不超限,更要注意控制各层的高程,防止误差累计而使建筑物总高度的误差超限。为此,在各施工层高程测出后,应根据误差情况,通知施工人员对层高进行控制,必要时还应通知构件厂调整下一阶段的柱高,钢结构工程尤为重要。

2. 建筑物高程传递的允许误差

根据建筑工程行业标准《高层建筑混凝土结构技术规程》(JGJ 3—2010)中规定:标高的竖向传递,应从首层起始标高线竖直量取,且每栋建筑应由3处分别向上传递。当3个点的标高差值小于3mm时,应取其平均值,否则应重新引测。标高的允许偏差应符合表6-3的规定。

表6-3　标高竖向传递允许偏差

项目		允许偏差(mm)
每层		±3
总高 H(m)	$H \leqslant 30$	±5
	$30 < H \leqslant 60$	±10
	$60 < H \leqslant 90$	±15
	$90 < H \leqslant 120$	±20
	$120 < H \leqslant 150$	±25
	$H > 150$	±30

当楼层标高抄测并经专业质检检测合格后,应填写楼层标

高抄测记录，报建设监理单位备查。

3. 建筑物轴线竖向投测的外控法

建筑物轴线竖向投测的外控法是在建筑物之外，用经纬仪控制竖向投测的方法。

基础工程完工后，随着结构的不断升高，要逐层向上投测轴线，尤其是高层结构四廓轴线和控制电梯井轴线的投测，直接影响结构和电梯的竖向偏差。随着建筑物设计高度的增加，施工中对竖向偏差的控制显得越来越重要。

多层或高层建筑轴线投测前，先根据建筑场地平面控制网，校测建筑物轴线控制桩，将建筑物各轴线测设到首层平面上，再精确地延长到建筑物以外适当的地方，妥善保护起来，作为向上投测轴线的依据。

用外控法作竖向投测，是控制竖向偏差的常用方法。根据不同的场地条件，有以下三种测法。

(1)延长轴线法。

当场地四周宽阔，可将建筑物外廓主轴线延长到大于建筑物的总高度，或附近的多层建筑顶面上时，则可在轴线的延长线上安置经纬仪，以首层轴线为准，向上逐层投测。见图 6-28 中甲仪器的投测情况。

(2)侧向借线法。

当场地四周窄小，建筑物外廓主轴线无法延长时，可将轴线向建筑物外侧平移(也叫借线)，移出的尺寸视外脚手架的情况而定，在满足通视的原则下，尽可能短。将经纬仪安置在借线点上，以首层的借线点为准向上投测，并指挥施工层上的测量人员，垂直仪器视线横向移动尺杆，以视线为准向内测出借线尺寸，则可在楼板上定出轴线位置，见图 6-28 中乙仪器工作的

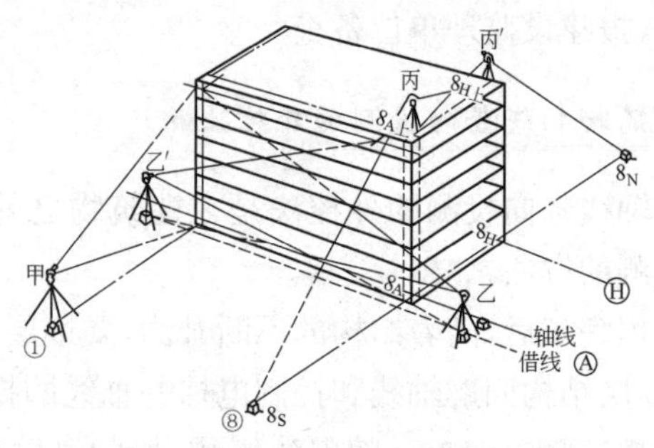

图 6-28　竖向投测

情况。

(3)正倒镜挑直法。

当场地内地面上无法安置经纬仪向上投测时,可将经纬仪安置在施工层上,用正倒镜挑直线的方法,直接在施工层上投测出轴线位置。见图 6-28 中丙仪器工作的情况。

(4)经纬仪竖向投测的要点。

为保证竖向投测精度,应注意以下三点:

①严格校正仪器(特别注意 $CC \perp HH$ 与 $HH \perp VV$ 的检校),投测时严格定平度盘水准管,以保证竖轴铅直。

②尽量以首层轴线作为后视向上投测,减少误差积累。

③取盘左、盘右向上投测的居中位置,以抵消视准轴不垂直横轴、横轴不垂直竖轴的误差影响。

4. 建筑物轴线竖向投测的内控法

当施工场地窄小,无法在建筑物以外安置经纬仪时,可在建筑物内用铅直线原理将轴线铅直投测到施工层上,作为各层放线的依据。根据使用仪器设备不同,内控法有以下四种测法。

(1)吊线坠法。

用特制线坠以首层地面处结构立面上的轴线标志为准,逐层向上悬吊引测轴线。

为保证线坠悬吊稳定,坠体应有相当的重量,且与引测高度有关,见表6-4。

为保证投测精度,操作时还应注意以下要点:

①线坠体形正,重量适中,用编织线或钢丝悬吊。

②线坠上端固定牢,线间无障碍(不抗线)。

表6-4 悬挂线坠体重量

高差(m)	悬挂线坠重量(kg)	钢丝直径(mm)
<10	>1	—
10～30	>5	—
30～60	>10	—
60～90	>15	0.5
>90	>20	0.7

③线坠下端左右摇动小于3mm时取中,两次取中之差小于2mm时再取中定点,投点时,视线要垂直于结构立面。

④防震动,防侧风。

⑤每隔3～4层放一次通线,以作校核。

(2)激光垂准仪法。

在高烟囱、高塔架以及滑模施工中,激光垂准仪操作简便,是保证精度并能构成自动控制铅直偏差的理想仪器。

竖向投测时,将激光垂准仪安置在烟囱、塔架中心或建筑物竖向控制点位上,向上发射激光束,在施工层上的相应处设置接收靶,用以传递轴线和控制竖向偏差。

(3)经纬仪天顶法。

在经纬仪目镜处加装90°弯管目镜后,将望远镜物镜指向天顶(铅直向上)方向,通过弯管目镜观测。若仪器水平旋转一周视线均为同一点(照准部水准管要严格定平),则说明视线方向铅直,用以向上传递轴线和控制竖向偏差。采用此法只需在经纬仪上配备90°弯管目镜,投资少,精度又能满足工程要求。此法适用于现浇混凝土工程与钢结构安装工程,但实测时要注意仪器安全,防止落物击伤仪器。

(4)经纬仪天底法。

此法与天顶法相反,是将特制的经纬仪(竖轴为空心,望远镜可铅直向下照准)直接安置在施工层上,通过各层楼板的预留孔洞,铅直照准首层地面上的轴线控制点,向施工层上投测轴线位置。此法适用于现浇混凝土结构工程,且仪器与操作均较安全。

5. 建筑物轴线竖向投测的允许误差

根据《高层建筑混凝土结构技术规程》(JGJ 3—2010)中规定:轴线的竖向投测,应以建筑物轴线控制桩为测站。因此竖向投测的允许偏差应符合表6-5的规定。

表6-5　轴线竖向投测允许偏差

项目		允许偏差(mm)
每层		3
总高 H(m)	$H \leqslant 30$	5
	$30 < H \leqslant 60$	10
	$60 < H \leqslant 90$	15
	$90 < H \leqslant 120$	20
	$120 < H \leqslant 150$	25
	$150 < H$	30

当楼层轴线竖向投测并经专业质检检测合格后,应填写建

筑物垂直度、标高观测记录，报建设监理单位备查。

六、建筑物沉降观测与竣工总平面图测绘

1. 水准点和观测点的布设

(1)布设水准点。

建筑物的沉降量是运用水准测量的方法，多次观测水准点与设置在建筑物上的观测点间高差的变化得出的。因此，需要布设水准点。

①布设水准点时应考虑的因素。

a. 水准点应尽量与观测点接近，其距离不应超过100m，以保证观测精度。

b. 应布设在建筑物、构筑物基础压力影响范围及受振动范围以外的安全地点。

c. 离开铁路、公路和地下管道至少5m。

d. 埋设深度至少要在冻土线以下0.5m，以保证稳定性。

②布设水准点的要求。

a. 水准点的形式和埋设要求与永久性水准点相同。

b. 水准点数目应不少于3个，用以对水准点进行相互校核，防止本身产生变化而造成测量误差。

c. 对水准点要进行定期高程检测，以保证沉降观测成果的正确性。

(2)布设观测点。

观测点要设置在待测建筑物上，作为沉降观测的永久性标志，它应设置在能表示出沉降特征的地点。

布设观测点时应考虑的因素：观测点布设的数目和位置，应考虑建筑物和设备基础的结构、形状、大小、荷载以及地质条件

等有关因素。

布设观测点的要求：

①民用建筑。

a. 观测点布设的位置。

一般沿建筑物四周外墙勒脚处布设，每隔 10～20m 设置一个观测点。在房屋转角处、沉降缝两侧、基础形式改变处，以及地质条件改变处均应布设观测点。当建筑物宽度大于 15m 时，还应在房屋内部纵轴线上和楼梯间布置观测点。

b. 观测点布设的形式和方法。

一般利用直径 20mm 的钢筋，一端弯成 90°角，一端制成叉形埋入墙内，见图 6-29(b)。或用长 120mm 的角钢，在一端焊一铆钉头，另一端埋入墙内，并以 1∶2 水泥砂浆填实，见图 6-29(a)。

②工业建筑。工业厂房一般可设置在柱子、承重墙、厂房转角、大型设备基础及较大荷载的周围。厂房扩建时，应在连接处两侧设置观测点。观测点布设的形式和方法基本与民用建筑同。但设备基础观测点一般用铆钉或钢筋制作，然后埋入基础混凝土内，见图 6-30。

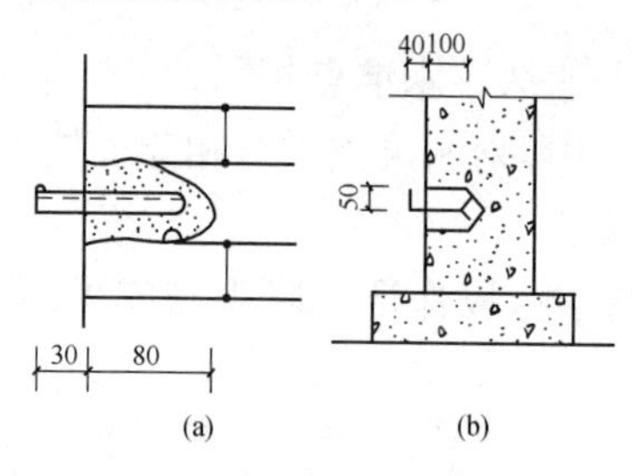

图 6-29 民用建筑观测点布设形式

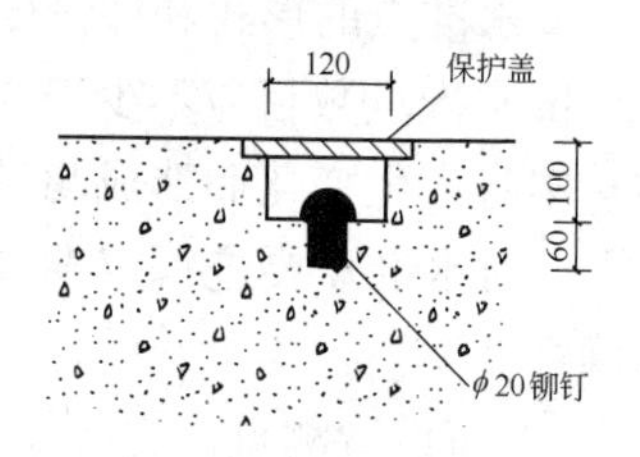

图 6-30 设备基础观测点布设形式

③构筑物。高大圆形烟囱、水塔、高炉、油罐、炼油塔等构筑物，应在基础的对称轴线上设置观测点，其设置形式和方法与设

备基础布设方法相同。

2. 沉降观测

(1)观测时间。

应根据工程性质、工程进度、地基土质情况、荷载增加情况以及沉降速度而定。一般是在如下的时间进行观测：

①埋设的观测点稳定后，立即进行第一次观测。

②施工期间，在增加较大荷载前后(如浇灌基础、回填土、砖墙每砌筑一层楼、安装柱子、屋架、屋面铺设、设备安装、设备运转、烟囱每增加15m左右等)均应进行观测。

③基础附近地面荷载突然增加，周围大量积水或暴雨后，或周围大量挖方等，也应观测。

④施工期间，如中途停工时间较长，应在停止时和复工前进行观测。

⑤工程竣工后，一般每月观测一次。如沉降速度减慢，可改为2～3个月观测一次，直到沉降不超过1mm时，可停止观测。

(2)观测方法及精度要求。

①水准点观测。水准点是沉降观测的依据，必须首先测定其高程。测定时将水准点组成闭合水准路线，或进行往返测量，用DSI精密水准仪和精密水准尺进行观测，其高差闭合差应小于$\pm 0.5\sqrt{n}$ mm，n为测点数。水准点高程可自行假定，或由国家水准点引测而定。

②沉降观测。即以水准点为依据，用水准测量的方法，测出观测点的高程。经过多次观测求出观测点的高程变化量，从而得出建筑物沉降量。

对于一般精度要求的沉降观测，采用DS3水准仪即可。大型的重要建筑物或高层建筑物，则应采用DSI精密水准仪进行观测。为了保证水准测量的精度，观测时视线长度一般不得超过 50m，前、后视距要尽量相等。前、后视最好用同一根水准尺。观测时先后视水准点，接着依次前视各观测点，最后再次后视水准点。前、后两次水准点读数之差不得超过±1mm。

(3)沉降观测的成果整理。

沉降观测之后，应及时检查观测数据，计算结果。若误差超限，应重新观测。符合精度要求的观测，应将观测日期、各观测点高程、荷重沉降量及累计沉降量等填入表 6-6 中。然后，根据表中数据，绘出各沉降点的时间－荷载－沉降关系曲线图，供分析研究使用，见图 6-31。

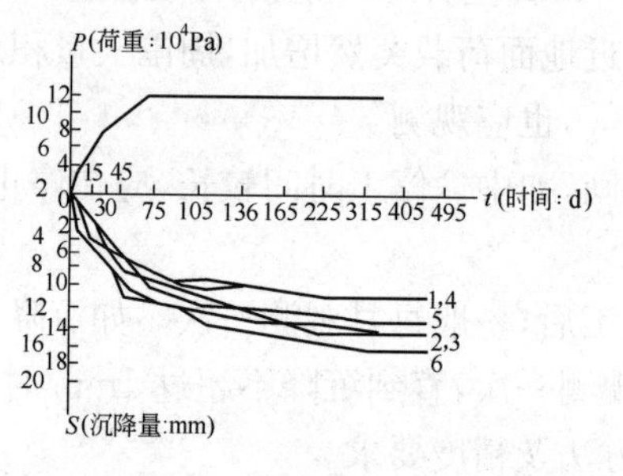

图 6-31　时间—荷载—沉降关系图

3. 竣工测量及竣工图绘制

(1)竣工总平面图。

工业与民用建筑工程应按设计总平面图施工。但是，在施工过程中会因为各种原因而变更设计，从而使工程的竣工位置与设计位置不完全一致。为了给工程竣工投产后营运中的管理、维修、改建或扩建等提供可靠的图样资料，因而需要测绘竣工总平面图。

表 6-6　**沉降观测记录簿**

观测次数	观测日期（年 月 日）	各观测点的沉降情况										工程施工进度情况	荷载情况（$\times 10^4$ Pa）
		1			2			…	6				
		高程（m）	本次下沉（mm）	累计下沉（mm）	高程（m）	本次下沉（mm）	累计下沉（mm）		高程（m）	本次下沉（mm）	累计下沉（mm）		
1	××.7.15	30.126	±0	±0	30.124	±0	±0	…	30.126	±0	±0	浇灌	3.5
2	7.30	30.124	−2	−2	30.122	−2	−2		30.123	−3	−1	底层楼板	
3	8.15	30.121	−3	−5	30.119	−3	−5		30.120	−3	−6		5.5
4	9.1	30.120	−1	−6	30.118	−1	−6		30.118	−2	−8	浇灌	
5	9.29	30.118	−2	−8	30.115	−3	−9		30.114	−4	−12	一楼楼板	
6	10.30	30.117	−1	−9	30.114	−1	−10		30.113	−1	−13		
7	12.3	30.116	−1	−10	30.113	−1	−11		30.113	±0	−13	浇灌	7.5
8	××.1.2	30.116	±0	−10	30.112	−1	−12	…	30.111	−2	−15	二楼楼板	
9	3.1	30.115	−1	−11	30.110	−2	−14		30.110	−1	−16		
10	6.4	30.114	−1	−12	30.108	−2	−16		30.109	−1	−17	屋架上瓦	9.5
11	9.1	30.114	±0	−12	30.108	±0	−16		30.108	−1	−18		
12	12.2	30.114	±0	−12	30.108	±0	−16	…	30.108	±0	−18	竣工	12.0
备注	此栏应说明如下事项：1.绘制点位草图；2.水准点编号与高程；3.基础底面土壤；4.沉降观测路线等												

竣工总平面图是工程竣工后实地真实情况的缩制。竣工总平面图在城区或工厂的内部通常采用1：500或1：1000的比例，在城郊或厂外采用1：1000、1：2000的比例。

对于大型和较复杂的工程，如将地上、地下所有建筑物和构筑物都绘在一张总平面图上，图面将会线条密集，不易辨认。为了使图面清晰，可按工程性质分类编绘竣工总平面图，如综合竣工总平面图、工业管线竣工总平面图、分类管道竣工总平面图及厂区铁路、道路竣工总平面图。

竣工总平面图的测绘，包括室外竣工测量和室内资料编绘两种方法。

竣工总平面图最好是随着单位工程或系统工程的竣工及时测绘，特别是地下管线应在回填或覆盖前进行竣工测量和竣工图的编绘。然后，将分类竣工总平面图汇总编绘成综合竣工总平面图。

(2)竣工测量。

①竣工测量的目的：

a. 验收与评价工程"是"否按图施工的依据。

b. 工程交付使用后，进行管理、维修的依据。

c. 工程改建、扩建的依据。

②竣工测量资料应包括如下内容：

a. 测量控制点的点位和数据资料(如场地红线桩、平面控制网点、主轴线点及场地永久性高程控制点等)。

b. 地上、地下建筑物的位置(坐标)、几何尺寸、高程、层数、建筑面积及开工、竣工日期。

c. 室外地上、地下各种管线(如给水、排水、热力、电力、电讯等)与构筑物(如化粪池、污水处理池、各种检查井等)的位置、高程、管径、管材等。

d. 室外环境工程(如绿化带、主要树木、草地、园林、设备)的位置、几何尺寸及高程等。

③做好竣工测量的关键。从工程定位开始就要有次序地、一项不漏地积累各项技术资料。尤其是对隐蔽工程,一定要在隐蔽前或下一步工序前及时测出竣工位置,否则就会造成漏项。在收集竣工资料的同时,要做好设计图纸的保管,各种设计变更通知、洽商记录均要保存完整。

竣工资料(包括测量原始记录)及竣工总平面图等编绘完毕,应由编绘人员与工程负责人签名后,交使用单位与有关档案部门保管。

(3)竣工总平面图的编绘。

①编绘竣工总平面图的依据:

a. 设计总平面图、单位工程平面图、纵横断面图和设计变更资料。

b. 施工放线资料、施工检查测量及竣工测量资料。

c. 有关部门和建设单位的具体要求。

②竣工图的内容:

竣工图应按专业、系统进行整理,包括以下内容:

a. 建筑总平面布置图与总图(室外)工程竣工图。

b. 建筑竣工图与结构竣工图。

c. 装修装饰竣工图(机电专业)与幕墙竣工图。

d. 消防竣工图与燃气竣工图。

e. 电气竣工图与智能建筑竣工图(包括通信网络系统、信息网络系统、设备监控系统、火灾自动报警系统、安全防范系统、综合布线系统等)。

f. 采暖竣工图与通风空调竣工图。

g. 电梯竣工图与工艺竣工图等。

③竣工图的类型与绘制要求：

竣工图的类型包括利用施工蓝图改绘的竣工图、在二底图上修改的竣工图、重新绘制的竣工图、用 CAD 绘制的竣工图等。

a. 利用施工蓝图改绘的竣工图所使用的施工蓝图必须是新图，不得使用刀刮、补贴等方法进行绘制。

b. 在二底图上修改的竣工图是依据洽商内容用刮改法绘制，并在修改备考表上注明洽商编号和修改内容。

c. 重新绘制的竣工图必须完整、准确、真实地反映工程竣工现状。

d. 用 CAD 绘制的竣工图是依据设计变更、工程洽商的内容进行修改，修改后用云图圈出修改部位，并在图中空白处做一修改备考表。同时，图签上必须有原设计人员签字。

参考文献

[1] 中华人民共和国住房和城乡建设部. 工程测量规范(GB 50026－2007)[S]. 北京:中国建筑工业出版社,2007.

[2] 建设部干部学院. 测量放线工. [M]. 武汉:华中科技大学出版社,2009.

[3] 建筑工人职业技能培训教材编委会. 测量放线工(第二版)[M]. 北京:中国建筑工业出版社,2015.

[4] 中华人民共和国住房和城乡建设部. 建筑变形测量规范(JGJ 8－2007)[S]. 北京:中国建筑工业出版社,2007.

[5] 中华人民共和国住房和城乡建设部. 建筑施工安全技术统一规范(GB 50870－2013)[S]. 北京:中国建筑工业出版社,2014.

[6] 建设部人事教育司. 测量放线工[M]. 北京:中国建筑工业出版社,2002.